GAME MINDSET

游戏思维

成为你故事里的英雄

［加］程子 ——— 著

中国水利水电出版社
www.waterpub.com.cn
·北京·

内 容 提 要

精心设计的游戏会通过明确的任务、带给我们即时的奖励和满足感，从而增强我们挑战每个关卡的行动力。如果我们能让工作和生活也变成这样呢？本书能让你拥有把生活游戏化的能力，告诉你如何定义目标、设立规则、即时反馈、自愿参与。让我们能一次次发挥高超技巧，主动迎接来自生活的挑战。

图书在版编目（ＣＩＰ）数据

游戏思维 ／（加）程子著. -- 北京 ：中国水利水电出版社，2022.3
　　ISBN 978-7-5226-0516-6

　　Ⅰ．①游… Ⅱ．①程… Ⅲ．①思维方法 Ⅳ.①B804

中国版本图书馆CIP数据核字(2022)第032071号

北京市版权局著作权合同登记号：图字 01-2022-0249

书　　　名	游戏思维 YOUXI SIWEI	
作　　　者	〔加〕程子 著	
出 版 发 行	中国水利水电出版社 （北京市海淀区玉渊潭南路1号D座　100038） 网址：www.waterpub.com.cn E-mail：sales@waterpub.com.cn 电话：（010）68367658（营销中心）	
经　　　售	北京科水图书销售中心（零售） 电话：（010）88383994、63202643、68545874 全国各地新华书店和相关出版物销售网点	
排　　　版	北京水利万物传媒有限公司	
印　　　刷	河北文扬印刷有限公司	
规　　　格	146mm×210mm　32开本　8印张　143千字	
版　　　次	2022年3月第1版　2022年3月第1次印刷	
定　　　价	49.80元	

序　言

在不知为何要读书时，我们被送进了学校；在对异性完全不了解时，我们开始找对象；在对学科一无所知时，我们被要求选择报考专业；在对职场规则全然不懂时，我们开始找工作；在不知借贷意味着什么时，我们拥有了信用卡、房贷；在不懂真爱时，却步入了婚姻；在懂得了真爱之后，我们可能遇见了难以在一起的人；在不懂如何做父母时，我们有了孩子；在懂得为人父母的艰辛，欲做好子女时，我们却可能发现父母已不在，生命只剩下归途。我们希望人生有很多故事，甚至能拍成电影，但过着过着变成了"事故现场"。人生旅途中有太多茫然的第一次和太多的遗憾就几乎注定了我们会品尝很多的苦酒。而人生太短，尽可能地少喝苦酒才是活法中的上策。

如果你对人生旅程中的重要驿站和关口早已有了清晰的认知

和准备，那会如何？如果你配有一套引导人生之旅的GPS系统带你去你想去的地方，那又会如何？如果你的人生能一路享受愉悦、成功和通透，那又会如何？如果你能用一种量身定制的或者适合你的方式去生活，那又会如何？如果你活出了生而为人的意义和使命，那又会如何？如果你可以像玩游戏一样面对人生、聚集同路人、定义成功、选择玩家、设立规则，还能运用你的特长，那又会如何？如果你周围的世界都以你为中心，为你服务，那又会如何？如果你的生活充满了故事，充实到足以让你的人生拍成自传体故事片，那又会如何？这样的生活方式便是《游戏思维》这本书将要带给你的。

本书是我根据自己多年来奉行的人生哲学，经历的生活阅历和多年研习，对如何经营和管理人生的总结和应用。这套体系是我为了追求美好生活和独特、完美人生而创造的产物，在其中，你能享受到以秒为单位的愉悦，以分钟和小时为单位的专注，以日为单位的充实，以周、月、季和年为单位带来的成果和意义。了解它，你便可以从容经营好你的全部生活。你可以在本书的基础上，根据自己的实际情况，创建专属你的生活或人生游戏，这也是本书的终极目的：抛砖是为了引玉。同时我想说，谢谢您的垂爱，唯有你的贡献才能让其更有趣、更充实和更有意义。

本书的诞生源于我对儿子成长问题的担心。他从四岁开始就经常不在我身边，由母亲陪伴着。这和我12岁就离开父母、独自求学的经历很相似。那时的我因为缺乏长辈的指导，只好自己探索人生，在人生路上反复掉到"坑"里又爬出来，一路磕磕碰碰、跌跌撞撞。作为父亲，我不希望我的孩子再经历那么多人生的迷茫和无助。于是，我想如果有适用的工具，如图书、网站、App等，能够引领他的成长之路，那该多好呀？于是我开启了探索之旅。而且我相信，无论你现在生理年龄多大，在人生的路上，相对于未来的你，都还是个孩子，一个成长中的孩子。如果我可以放心地让我的孩子用这个工具，那么其他人也都可以放心使用。

另外，在我过往十三年为人才做事业经纪人的过程中，见到了一些人彷徨、迷失，一些人如蚂蚁般忙碌却毫无成就，一些人如狮虎般拼杀至濒临绝望，一些人如宠物猫一样安逸而失去了自我，一些人如猎物般在生活的大海中挣扎前行。我看到人们亟须一种崭新的思维模式来指导自己的生活。

我也曾经历过很多人生的跌宕起伏，体会了什么是生活的酸甜苦辣、欢笑和眼泪。我曾以别人认为好的事物作为自己追求的对象，但后来发现其实那并不适合我；我曾经因为生活没有方向感，错过很多很好的机会。后来我向很多杰出人物，及致力于个人成长的大师学习：2000年接触到美国激励大师安东尼·罗宾、

《当和尚遇到钻石》的作者麦克尔·罗奇格西博士、《游戏化你的人生》的作者迈克尔·斯特拉福特、《游戏改变世界：游戏化如何让现实变得更美好》的作者简·麦戈尼格尔、《游戏化实战》的作者周郁凯、《让天赋自由》的作者肯·罗宾逊、《原则》的作者美国桥水基金创始人瑞·达利欧、《西方哲学与人生》的作者傅佩荣博士等。随着不断学习，我对生活的看法也渐渐地发生了改变。特别是在我有了一套自己的生活哲学之后，一切都渐入佳境，并进入良性正循环。

我曾给许多职场人士提供职业发展建议。作为他们的事业经纪人，看到他们在事业上茁壮成长，真是令我十分开心；我也给好多新生儿取过名字，感到很荣幸；这些都让我感到自己人生的价值和意义，为社会服务挺幸福的。现在，我已经开始扮演人生经纪人的角色。而最让我惊喜的是，我现在所过的生活正是我十多年前所向往的。我所得到的都是我特别想得到的，我没能得到的都是后来我发现自己并不需要的，人生还有什么遗憾呢？

这些生活阅历告诉我，人生犹如我和儿子一起玩桌游《生命之旅》时体会到的，每个人的人生核心课题基本相同：如何使自己的一生过得精彩、丰盛，甚至卓越和神奇。事实上，这与你以什么样的思维模式❶看待人生息息相关。如果把人生与游戏机制相结合，那生活就能进入你非常喜欢、非常享受，甚至上瘾的心流状态，也就是我们通常所说的"热爱生活"的状态。我把生活看作是一场"玩赢人生"的实境游戏，它带你过上你真正向往的、这辈子你能活出的最好生活。也有好多心理学家把这种生活称作"真我生活"，这个称呼也挺好。

在我看来，生活就是花最少的时间让人生游戏变得可玩，即生存；然后用剩余的时间让游戏变得更好玩，即有意义、充实和快乐。而且无论是人脑中的意识世界，还是电脑中的线上世界，还是我们周围的线下世界，都是游戏场域，都是广义实境，都是你能感知到的确切存在，我把这三者称为"人生三界"：内在世界、线上世界和线下世界。

内在世界的维度比线上世界的维度要高无数倍。而因为时空不受限，所以线上世界的维度比线下三维世界的维度要高。目前，人类已经在用更高维世界里的游戏来对线下世界的"游戏"进行帮助指导，例如"2021年东京奥运会"这个大型线下竞技游戏，就用著名的电子游戏配乐作为各国代表团入场音乐。也就是说，游戏的场域已经从线上的电子世界扩展到了线下世界，人

---

❶ 也就是我们常说的"人生观"。

生其实已然成为"增强实境"的游戏了。这些想法让我激动，于是就想借此书，来帮助人们理解这种给世人带来更美好生活体验的思维模型。

《游戏思维》这本书是即将改变你整个人生的精密生存方法论。人及人生是量子产品，量子力学在自然科学史上被实验证明是最精确的一个理论，但是量子的观念很少有人能够理解。

如果你随便问一个人，你觉得你未来3—5年生活会如何？或你问对方，你这辈子能遇到你的白马王子或白雪公主吗？大多数的回答多半是不知道，或随缘吧。未来的生活对大多数人来说充满了不确定性或多样性，是好，是坏，是福，是祸，大部分人会交给命运去决定。用量子力学的术语来表达，大多数人现在的生活是随机坍缩的结果；明天或后天的生活是多态叠加，什么可能性都有。但如果我们有意识地主动参与，那多叠加态就会坍缩成具体的结果，其不确定性就会消失或极大地降低，明天的生活也就可把握了。这就是被我称为"玩赢之道"的量子思维，也是心想事成的过程。

量子思维则将人的意识卷入了对事物的认知当中。世界因为你的观察而存在，变得有意义。正如你现在的人生观，是你的意识仔细审视的产物。我们的意识能够受外部世界的影响而改变，同时意识也就能改变你对客观世界的看法。如果你还觉得有点儿不太明白，相信在游戏的旅途中，你会越来越明白。你的意识会参与、影响甚至极大程度地决定了你的命运。例如，其实很少有人真正明白人生的游戏规则，太多的盲点才造成了大多数人的感叹——人生在世，不如意事十之八九之类的痛点。而在玩赢人生游戏中，你对游戏规则产生逐步清晰的认知，这将会带给你逐步崛起的信心，你也将越玩越好、越玩越嗨。

为了帮助你在生活中进入电子游戏中体会到的心流状态，构建玩得越多、活得越好的生活正循环，我会教你学会调用玩电子游戏后储存于你内在的诸多体验，比如"心流"。"心流"是什么？凡是玩过电子游戏的人，大多有过这种体验：专注、忘我、愉悦、屡败屡战、终将辉煌。体验的本身就是奖励，在这种体验中，时间仿佛并不存在。我们称这种状态为"心流"的状态。经过多年的发掘和体验，我发现生活中也能活出心流的状态。

本书将用前五章的篇幅带你开启玩赢人生之旅（简称"玩赢之旅"）。其中除了扮演核心玩家的角色之外，你还是自己人生游戏的设计师。也许你对扮演后者有点儿小恐慌。假如你认为只有游戏设计师才能设计游戏，而只有会设计游戏才能成为游戏设计师，那永远都迈不出第一步。如果你有这种想法，解决方案其实很简单，你只要念如下句子即可："我是人生游戏设计师。"我是认真的，马上，大声说出来，别害羞，这里只有你。你念了吗？多念几遍。恭喜你，你已经是游戏设计师了，至少在内在世界里你是了。或许你会觉得在线下世界里自己并不算真的人生游戏设计师，只是扮演而已。没关系，就这样扮下去，要不了多久，你的内在世界中储存的事物就会"下凡"到线下世界。就这样继续下去，在玩赢之旅途中或结束后，你会发现真的成了人生游戏设计师了。如果途中信心有所动摇，你只要重复如下句子："我是人生游戏设计师。"

请别只用理性思维去读这本书，同时也请关注你读书时的情感反应，还有从内在深处浮起的某种认同感。我所告诉你的任何东西（例如原则、原理、定律等），你的内在其实都是知道的，你是自性圆满的，我所做的只是唤醒那些你没有意识到的、被你遗忘的感受、认知，并尽可能地将它们以系统，而非离散、碎片化的方式展现给你。途中你还会遇到些非必读的"附录"，它们帮助你获得额外的内化体验，可以看作是"支线任务"或者是"打副本"。

如果你觉得这本书写得还不错，那么阅读的过程除了会让你产生一些对过往生活的小悔恨之外，还会激发出对未来美好生活的无限热望，并渴望采取积极有效的攻略去践行。在阅读过程中，你可能对某些词的含义不太明白，请不要被其困住，接着往下读，很可能在后面部分你会渐悟或顿悟；如有些疑问出现在你的大脑中，此书的后面部分可能会给出解答。

好了，快快开始行动吧，一系列美妙的事物正在前面等着您呢，让我们现在开启"玩赢人生"之旅吧！

第一章

人生像一场游戏：游戏思维

CHAPTER 01

现实生活是破碎的，我们需要把它变得更像一个游戏。

——简·麦戈尼格尔博士

著名未来学家、TED大会新锐演讲者

有人说，人类对世界的认知，永远都犹如管中窥豹、坐井观天，永远都会一叶障目。什么能让我们尽最大可能地、全面完整地认知这个世界呢？我找到的答案是：游戏思维！

　　什么是游戏思维呢？我给出的定义是：一个人认为世界是虚拟的，是大自然创造的一个游戏；人生是他的心灵借助身体玩的一场游戏。我将这个游戏取名为"玩赢人生"实境游戏，这也是一种世界观，简称"游世观"。它是一种最底层思维和最底层的滤镜，对人的影响极为隐蔽，却也极为深刻。

人生与游戏

✕

　　哲学家伯纳德·苏茨对游戏的定义是：玩游戏，就是自愿尝试克服种种不必要的障碍。简·麦戈尼格尔在《游戏改变世界》一书中，提到游戏的四大决定性特征：自愿参与、反馈系统、规则和目标。例如我们自愿申请某个公司的岗位，反馈系统通知我们前去面试，规则包括但不限于简历要最大限度地真实，目标则是被录用和获得满意的薪酬等。当今人类对"游戏"并没有统一的定义，如果有了统一的定义，那么"游戏"可能也不再是游戏。

　　那什么是"人生游戏"呢？人生真的是场游戏吗？下面用一个类比来帮你获得答案，请参看图1。

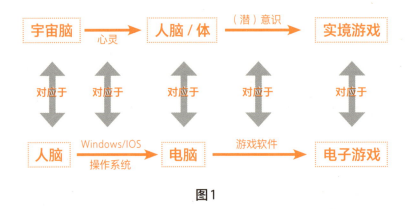

图1

人类在电脑硬件上安装操作系统软件，如Windows，并在这个硬件+软件的平台上运行制作的各种电子游戏软件，从而享受玩游戏的体验。宇宙学家发现，宇宙的宏观微缩图看上去与人脑的神经网络非常类似，宇宙很有可能就是个超级大脑。而"心灵"这个操作系统软件，则安装在人体这个硬件上，然后它们共同创造了极具构想能力的（潜）意识——这个软件来创作各种游戏脚本，并通过人体来获得实境游戏的体验。

也许你会说电脑游戏中玩家角色可以复活，可线下实境中我们却不能！我想说，其实每天清晨的醒来就是我们在这个实境游戏中的复活❶。

---

❶ 如想更深刻地了解，可阅读空心菜《世界是个游戏，人生怎样才有意义》。

如果生活是游戏，那游戏的目标是什么呢？请看图2。

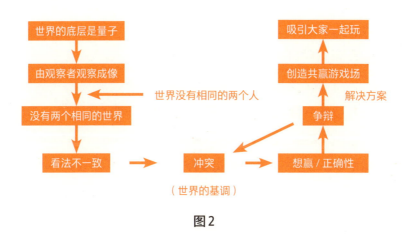

图2

鉴于世界的底层是量子，人类接收信息的方式则可以被比喻为"通过五官来收集外在的资讯，然后在身体内部将电信号翻译为具体的影像"。所以世界上没有两个内在完全相同的人，也就没有两个完全相同的内在世界。人类出现看法不一是常态，世界的基调是"冲突"而非"一致"，这是设计师给我们的默认设置。而问题在于我们每个人都认为自己是正确的，于是人与人之间的争辩就发生了，冲突自然也就产生了。我们生活的目标就是努力消除冲突，达成一致，创造共赢，吸引大家一起玩，而不是专注于谁对谁错。

至此我们给出"人生游戏"的定义：为了追求自己想要的体会、成果和意义，玩家主动参与、选择和设计自己生活的一种活法。

具体解释如下。

1. 追求体会

包括但不限于美好、快乐、愉悦或新奇等感觉。如果你不知道你想要什么感受，你就不会关注那些给你带来某些感受的事物。但当你确实知道自己想要什么，例如你对人生游戏能够给玩家（包括你自己）带来怎样的感受有一种愿景，那你所需要考虑的就是怎样传达这种体验。

2. 追求成果

一个人追求获得更多的金钱或名声。例如拥有了自己向往的房子、车子、钱财等；或者成了职场金领、企业家、政治家、名人等。

3. 追求意义

一个人除了追求自我的利益之外，还追求超越自我，成就大我的意义。如双赢、多方共赢、社会效益等。意义可能来自对这些问题的回答："我存在的价值是什么？""我的生命为何而来？""我可以给世界带来些什么？"人与动物相比，一个很大的区别就在于人除了生存，还会追寻目的、价值和意义。例如在自然灾害面前，一个人可能会为了拯救一群人而牺牲自我：飞行员在飞机出故障后会避开居民区跳伞，而这有可能意味着错过最佳的跳伞时机；一个士兵为保家卫国而宁愿牺牲自己的生命；一个人掉到了河里，如果你会游泳，很可能你想都没想救他会给自己带来危险，就跳进河里朝他游去。

人生游戏是你正在玩的最大和最重要的MMORPG（大型多人在线游戏）。在其中，你创造自己的故事，选择要走的路。**你既可以选择大众"赢"的标准，也可自己制定"赢"的定义。你是自己人生故事中的主角，也是你人生游戏的设计师。**

为了更好地研究人生游戏，下面我们主观地将其分成十三个游戏场。

十三个人生游戏场

我们将这十三个游戏场称为"十三价值面"。它们分布在五个生活领域当中：属性、人际、个体经济、品味生活和未来。

第一个领域是属性，它包括对我们每个人而言最为重要的五个价值面：身体、智力、情绪、性格和心灵。

你的个人属性是将你与世界分开的关键。而这个领域的五个价值面，不依赖于除你自己以外的任何人。生活里的很多事情需要人们相互合作：好的婚姻需要两个人，好的友谊也需要两个人共同努力，事业的成功与否则取决于你与老板或雇主的关系。但在你个人生活部分的这五个方面，则只与你自己相关。我们常说的自爱就是指爱护和经营自己的身体、智力、情绪、性格和心灵。

第一个价值面是我们的"身体"。这主要是关于你的内在和外在的身体。如何让身体听我的？看上去简单的这件事，很可能在人生之旅中会变得越来越难。虽然身体是生命的基础部分，但大多数人在努力保持健康和身材时，其实并不知道它在生活其他方面扮演的重要角色。

第二个价值面是"智力"。这与你的头脑、思维相关。当你的头脑（不是头颅）健康时，智力就能得到激发，你就能理性地思考，做出清晰的决策。

第三个价值面是"情绪"。这与你的个人感受、内在能量以及如何管理你身体能量的智慧有关。你需要了解它们是什么，来自哪里，还有它们为何如此重要。如何与它成为好友？有时，它们是那么难以理解，但当你的情绪表现健康时，它就对其他价值面产生积极和正面的建设性影响。

第四个价值面是"性格"。这与你的内在本质有关。作为人来说，就是"你是谁？"的问题。如何塑造对命运产生重大影响的性格？因为你的性格决定了你如何处理人际关系、你的事业、你的健康及生活的其他方面。

最后一个价值面是"心灵"。它看不见，摸不着，但我们无法否认它的存在。它是什么？人在独处时，会不时听见来自心灵深处的声音："我这一生到底该干什么？我这辈子怎么活着才有意义？"你会拒绝聆听吗？你会回答它不时的追问吗？你会用忙碌来对抗这种心灵深处的追问吗？只有你真正聆听这种心灵深处的声音，并很好地回答它的提问，你才能摆脱迷茫、空虚。

有人将"心灵"与"信仰"混为一谈，但两者其实有很大的区别。信仰是一套智慧和信念的系统，它包含了一系列的规矩和仪式，也包含道德、社交和文化方面的问题。虽然信仰也包含了一些心灵方面的问题，但它是一种代代传承的信念系统，给你指明方向。而心灵不能代代相传，它不能从一个人传到另外一个人的手里。它是非常私人的，关乎一个人与环境，甚至与整个宇宙的关系。它不仅仅指你相信什么，还关系到你所走过的路径，一个我们展开生活的过程，是一种阅历和体验，甚至是觉醒，它从最深层次直接决定了你是谁，你为什么存在。

第一个领域中的五个价值面是关于你自己的，是"修身齐家治国平天下"中的"修身"部分，将"你是谁"定义得更为丰满。这五个价值面是人生的基础，你生命中的其他事情都基于此。我把"智力、情绪、性格、心灵"称为一个人的四大内在颜值，它们是相对于身体的外在颜值；我把"情绪、性格、心灵"的总和称为一个人的"人格"。你的个人生活，也就是你的"总颜值"，将会决定你与他人关系的质量、你的事业成功度、你的财务盈余情况，以及你生命中其他的一切。

第二个领域是人际。人际这个领域中的游戏场包含了你与生命中最重要的四种人的关系。

第一个叫作"爱与被爱"，它是你与配偶或伴侣的亲密关系。比如，怎么找到和经营真爱？

第二个是"为人父母"，它是你与子女们的关系。如何培养高质量的子女？我们平时常见的"亲子关系"多指父母与未成年孩子之间的关系，是"为人父母"的子集。

第三个是"为人子女"，它是你与你的父母亲的关系。比如，如何与父母互动？

最后一个是"伙伴"，它决定了我们与朋友、老师、同事、客户、供应商以及亲戚的互动方式和质量。如何与他们互动？你与他们关系的质量，对你的整个生活质量有重要的影响。

如果让你现在投入一些时间和精力，以便日后更快乐、更健康、更长寿，你认为应该往哪里投？根据哈佛大学做的一项民意调查，大部分人首选挣钱，其次是成就；而学者们75年的持续研究则表明，答案其实是良好的人际关系。可以说，我们有什么样的人际关系，就有什么样的人生；人际关系决定了我们的人生。人生很多的快乐、幸福都是由人际关系带来的，同时人的很多烦恼、痛苦，甚至是精神和心理疾病，也是由人际关系问题所触发的。

五个领域中的第三个是"个体经济"。其中包含两个价值面，第一个价值面叫作"财务"，这是关于金钱的。比如，金钱是什么，财富是如何被创造的，我们需要怎样做才可以在我们的生活中，实现财务富裕，甚至财务自由。

第二个价值面叫作"事业"。这个领域是关于你的工作的。比如，如何通过工作实现自我价值，并获得经济回报，或是对社会及他人做出杰出贡献，而体现出自己存在于世的价值。我们会考虑如何将这种事业上升到一个更高的层面。无论你是一个全职妈妈，还是一个500强企业的CEO，你热爱你的事业吗？正如你所见，财务与事业息息相关，但是它们必须被单独考虑，所以也要单独设置策略。

第四个领域只有一个价值面，叫作"品味生活"。这是关于你想要的、热爱的事物和体验。可以是乐趣或是冒险。比如，你理想中的房子，想要的旅行，心仪的豪车，期待的游艇、假期、烛光晚宴、音乐会、品茗、独处，或者其他任何出自生活享受的需要。这关乎你想要被哪些事物所环绕，以及你期待的经历。也许是一次蹦极，也许是一场说走就走的旅行。

最后一个领域也只有一个价值面，叫作"未来"。如果我们沿着时间线往前走，三五年后，甚至更久以后，我们会处于一个什么样的生活和社会环境？那时我是谁？我的生活又会是什么样子的？我热爱它吗？

以上这十三个价值面便构成了你的全部生活空间，对它们的愿景追求便构成了你的人生游戏脚本。这些是你确确实实需要去思考的东西，是你人生中的顶级要事。做人生中重要之事，你至少没有遗憾，因为人生最大的遗憾，不是"我不行"，而是"我本可以"。

对生活的十三个价值面都进行过深度思考之人，我称其为"全脑人"，如图3所示。

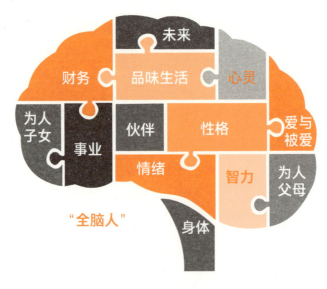

图3

对大部分人来说，我们在生活中关注的价值面可能只涉及其中的几个，如事业、财务、智力，或者品味生活、身体、伙伴、为人父母等，很少有人会把它们全部放入自己重点关注的视野中，如此也造成了你在生活的许多方面存在盲点，为将来痛点的出现埋下了伏笔。例如挣到了钱，而丢掉了健康，或爱人，或堕落了心灵。

其实，我们每个人就像是自己人生公司的CEO，经营着五个事业部：属性、人际、个体经济、品味生活和未来。为了便于记忆，我们将这13个价值面编排为5-4-2-1-1这个序列数来记忆。用一句话来记就是：54青年考上了211大学。5代表属性，4代表人际，2代表个体经济，1代表品味生活，另外一个1代表未来。鉴于我国人均寿命是75岁，如果你爸妈28岁生了你，在我们47岁之后，大部分国人将会丧失为人子女的机会。所以，如果你不想给自己的人生留下遗憾，现在就扮演好为人子女的角色吧，因为它留给你的时间可能最为有限。

五大游戏力

那么，我们是否有"能力"玩好人生游戏呢？答案是肯定的，它是由人的特殊能力决定的，其中包括但不限于建模、专注、想象、共情和剪辑等能力。

1.建模

在了解什么是"建模"之前，要先弄明白我们是如何看待这个世界的。

美国著名心理学家斯蒂芬·拉伯奇是这样定义意识的："什么是意识？它是我们大脑的模拟现实，所以，我们的日常经历是一种做梦的形式。也就是说，它们是心理模型、模拟，而不是它们原本的样子。"

我们每个人都具有心智模式，但因为它的形成受限于所见、所闻、所思，所以它注定是不完整的和受局限的，是带有深刻的社会烙印的，会将我们自己的推论当作事实。这也影响我们所"看见"的事物。因此，两个具备不同心智模式的人观察相同的事件，会有不同的描述。即使是理论上最为客观和严谨的科学家，也无法绝对客观地观察这个世界，这就是我们所说的"认知就是事实"。正如美国管理学家彼得·圣吉所说："我们每个人都逃脱不了心智模式的控制，我们都是通过自己的方式、通过主观的方式来观察这个世界，所以说这可能是一个虚拟的世界。"

我喜欢这个关于意识的诠释，是因为它告诉了我们，想要经营好生活，心理模型的建设才是幸福生活来源的根本，而非仅限于线下世界的改善，尽管这两者并非对立的。如果把"外在事物"看作是脚本，对世界的"认知"看作是播放的"电影"，那我们的大脑及人体在其中扮演的是"导演"的角色。在从接触"脚本"到制作成"电影"的过程中，这位"导演"对"脚本"做了很多个性化的"增、删、改"，并非完全忠诚于原著。从这个意义上讲，世界并不存在"本真"的样子，而是"读"出来的。

在人工智能盛行的当代现实世界，机器能够轻易地判断出你的偏好，从而投你所好，进而引导你去做它期望你做的事。这并不是危言耸听，而是几乎每天都发生在我们每个人身上的事，尤其是你在"线上世界"里玩耍时。有一次，我在某知名电商网站上买了本人类图（一门区分科学，由拉·乌卢·胡在1987年创立）方面的书，刚付完款，就被推荐了好多其他人类图方面的书籍，我忍不住就又买了两本。收到后发现，除了封皮和作者不同，里面的内容基本一致。一边感叹自己浪费了两份钱，一边将另两本送他人了。

于是，我们还是面对那个问题："是你在玩游戏？还是游戏在玩你？"如果你真的想玩游戏，那就必须有意识地去体会，去觉察，去思考，去行动，去改变，去反思，去学习，去设计，去观察，甚至去断舍离。利用意识识别现实，也就是"建模"。唯有做自己大脑的主人，才不会成为机器的仆人。可以毫不夸张地说，大脑建模的能力，包括但不限于化繁为简、找到内在运作机理、增删改等能力。这些都是玩好人生游戏的核心能力。

如果你对"建模"还感觉陌生的话，那我告诉你，小学应用题里建立的一元一次方程就是个简单的模型，而且肯定有解。

有一点是肯定的，我们意识到的一切都是模型，而不是现实世界的本真。或者说我们体验现实，其实只是模拟现实，只是在投影现实，而且我们永远都不能超过这个幻想去了解真正的现实。我们永远看不见世界的真貌，我们只看见我们想看见的世界。

身为人生游戏设计师，若你能了解这种模拟[1]在玩家（包括你自己）脑中如何形成并得到控制，你就能创造出比现实世界更好、更真的世界。你用意识去观察你的情绪了吗？你用意识去观察你的思维了吗？你用意识去与你的心灵对话了吗？它们都会告诉你些什么。当你在生活中养成用意识当家做主的习惯时，你便开始把握自己的命运。

2.专注

这是人的另一项核心能力。我们的大脑会选择性地关注一些事物，忽略另一些事物。在任何一个时刻，我们所关注的内容都是由潜意识的欲望和清醒的意识共同决定的。当一件事情长期吸引我们全部的注意，人就进入了一种有趣的精神状态：周围的世界似乎疏远了，而我们的心中没有任何杂念。当下的世界只有正在做的事。我们忘记了自我，进入到无我，完全不知道时间过了多久。这种持续专注、快乐、享受的状态被称为"心流"。

凡是玩过电子游戏的人，大多有这种体验。专注、忘我、愉悦、屡败屡战、终将辉煌。体验的本身就是奖励，仿佛时间并不

---

[1] 模拟这种能力被我们用在孩童时玩的"扮家家"游戏上，在其中扮演爸爸、妈妈、孩子等。

存在。当然，这是游戏任务的挑战难度与你的能力基本匹配时所展现出来的玩家状态。如果能在线下世界的游戏中也活出心流的状态，那生活便是幸福满满，人间特别值得，生活本身的体验也就成为最大的回报。

你认为存在这样的生活状态吗？答案是肯定的，其中一个典型的例子便是打麻将：快速进入状态，不太在乎周边的物质条件，无论牌好、牌坏都努力往好的方向调整；打错牌了不抱怨，还会自我反思："哎呀，刚才打错了"；打输了，推倒重来；从不嫌时间太长，永远保持一颗玩游戏的心。如果把这样的状态推广到生活的各个方面，那将是多么幸福美好的人生呀！其中一个值得推荐的策略就是将你的内部资源，如热爱，有意识地注入你的日常事项，这能极大地提高你的专注力。

3. 想象

想象是动物没有，只有人拥有，人们却习以为常的一种超凡能力。它是每个人在日常交流和解决问题时都要用到的能力，而且还具有自动填补空缺的能力。这种能力难以置信，它能造出线下世界不可能出现的情境，例如人类想象自己可以像鸟儿一样在天空飞翔，于是就用这个能力造出了自然界中没有的"大鸟"——飞机。可以这么说，最美好的事物，首先都是通过想象在内在世界中创造出来的，这是一种非常美好的体验，正如我们在电脑游戏中建造向往的别墅时感受到的美好体验一样。想象把游戏带入玩家的内在世界里，同时把玩家带入了游戏中。例如我们想要实现的愿景，也就是我们想要的美好事物，都是通过"想象"构建出来的，这个过程本身就是一个在内在世界里游戏的过程，一次让你开心的体验。

4. 共情

虽说有单人游戏，但大部分游戏是双人或多人的，这就要求玩家能体会到彼此的感觉，这就是身为人类所具有的一种惊人能力——共情。照片、绘画、电脑游戏中的人物，都能轻易地激发我们去共情。电影让我们仿佛置身于它们创造的故事世界中。共情的力量如此强大，使得我们可以借助包含人体之外的很多道具来传递我们想传递的情绪感觉。应用这种能力，我们就能体察、感受不同的生活内容带给玩家们（包括自己）的各种体验和感受。这就是人生游戏设计师特别需要投入心思的地方。

5. 剪辑

如果你拍过小视频或录过音，就知道最后出炉的作品一定是经过剪辑的。也就是去掉你不想要的部分，而将你想留下的部分

放在你想放的播放位置上，例如将其中你最欣赏的一个画面作为
"封面"，让人们第一眼就被它吸引。你相信人的大脑也有这个
功能吗？答案是肯定的。让我先用一个案例带你体会下大脑具有
的剪辑功能。

我有个朋友，他29岁那年在美丽的温哥华遇到了一位让他
心动的女生，并与她交往了两年多。当他想回国发展时，女生不
愿与他同行。这激起了他对她的指责，也不再相信有"真爱"的
存在，还或多或少地对经营后来的生活产生了一些阴影。直到有
一天，他学会调用自己大脑的"剪辑"功能，将自己与她在一起
的美好时光剪出来，放在了他人生时间线的末端，也就是退休
后，顿时感到无比开心：一位美女陪伴着他，为他退休后的生活
增添了许多浪漫，而那之后他就离开了人间游戏场。换句话说，
他穿越时空隧道，提前体会了退休生活，然后又快速返回到当
下，沿着生命的时间线继续前行。所以我常听他说，他已经提前
度过了美好的退休时光，剩余的生命将在奋斗中前行。

总之，人类特有的建模能力使得我们的大脑一看见复杂情
境，便会尝试将其浓缩为简单的规则与关系，让思维可以驾驭。
正如每个游戏都有一套简单的规则一样，是一种预先简化过的模
型，让人能轻松消化处理；专注的能力将我们带入了心流的状

态，注意不到时间是快还是慢，这也是人最幸福的时候；想象力帮助我们在内在世界中创造出和体验到之前不存在的事物，是人类独特的能力，这为人类在线下世界打造各种道具、创造各种人生故事来丰富我们的游戏活动提供了独一无二的前置条件；共情结合能力让我们能感他人之所感，为创作共赢游戏提供了前提条件；最后，剪辑功能不仅能帮助你自我疗愈，还能创造出更为美好的人生体验，同时长久保持追求美好生活（如真爱）的热情。

作为人，我们实在是太被自然所宠爱了，能够用以上这些特殊能力将生活过得既有意义，又有成就感，还能获得各种特别的体验❶。

最后，我用一个案例来帮你体会以上五种能力是如何使你成为实境游戏赢家的。

当一位男生第一次看见一位外貌清纯、说话柔美的女生时，他很快被她外在的颜值所吸引，进而一见钟情，很想对方做自己的女朋友。这个心智模型来自大脑的潜意识。但他很快意识到这种心智模型是出自本能，接着他问自己："不知她的内在颜值（性格、情绪、智力和心灵）如何？她是否也喜欢我？我们适合吗？"于是他决定不那么快表白，继续日常交往，这样他就开

---

❶ 想更多了解，可阅读杰西·谢尔所著的《游戏设计艺术》第 2 版，第十章。

启了自己的"思维"意识模式，这是游戏玩家的典型特征。

当他发现自己送给她的小礼物（如一只小鸟）受到喜欢时，尽管自己并不喜欢这种东西，他也会为自己的"共情"能力而沾沾自喜。然后他很快发现自己只是她的候选人之一，这时他告诉自己："这很正常，说明我很有品位。"而不是责怪对方："你脚踩两条船！"这就是在同一件事上使用两种截然不同的心智解读模式。随后他决定全身心专注地投入到和她的交往中，赢得比赛。

在随后的交往中，也有让他感到不愉快的时候，如约会迟到，但他决定在温馨提醒对方之后，用倒带剪辑的技巧从大脑中去除掉。随着交往次数的增加，自己与对方的共鸣越来越深。在一起时，时间不知为何转瞬即逝；不在一起时，时间却好像无比漫长，脑海中不时会浮现出她的倩影，自己还会傻傻地笑。这就是心流的状态。

他需要接着创造约会的场景以再度回到心流的状态，"是看电影，还是去滑冰？""她会喜欢吗？"这时他就调用了构想的能力，当然也有"共情"的能力。正因为应用了这些能力，追求和恋爱的过程成为人生中最最幸福、最最值得回忆的美好时段。

可以想象，如果没有构建（新的）思维模型的能力，这场美好的游戏早就结束了；如果没有专注，就不能体验到共鸣之感、依恋之情，这些都是多么美好的体验呀；如果没有构想，游戏很快就会进入单调、乏味和无趣之中；如果没有共情，又怎么能让对方开心呢？

其实人的身上除了这五项游戏力，还有更多有待挖掘的潜能，完全可以将生活变成非常好玩的游戏❶。

---

❶ 如果您参加过 NLP（神经语言程序学）课程，那么对由意识主导的，发生于内在世界的游戏定会有更深刻的体会，甚至赞不绝口。

十三个核心元素

虽然人生利用这些能力是可以"玩"起来的，但要让生活更像游戏，还需要我们做出一些设计。在这里，我总结出在设计生活实境游戏时应考虑的十三个核心元素：玩家、名称、目标、场域、时间、信息、规则、资源、冲突、期望玩家体验、期望玩家行为、策略和结果（奖惩）。

也许你觉得这有点儿多，不用担心，在设计一款游戏时，你只需覆盖其中的几个核心元素，并不一定要涵盖所有的元素。也许你想特别关注其中五大核心元素：期望玩家体验、期望玩家行为、规则、策略和结果（奖惩）。

但需要强调的是，作为人生游戏设计师，你需要考量整体的游戏体验，与之相对的，是精心设计游戏的每个独立的部分。玩家在乎的是所有部分组合在一起的体验。游戏设计师作为游戏开发过程的参与者，不是最终产品唯一的享受者，我们心中需要记住，让玩家感觉好才是真正的好。再重复一遍，让玩家感觉好才是真正的好。

将以上这十三种元素有机地组合在一起有很多可能的方法，用以创造出更多、更广泛的游戏体验。通过理解这些元素是如何共同发挥作用，并想出组合这些元素的新方法后，你可以为你的游戏增加新的游戏性。

为帮助你获得综合的理解，下面我们以短视频平台为例，来理解所有十三种核心元素。

短视频平台	
玩家	你既是供给者（发视频+卖货），又是需求者（粉丝）
名称	凸显明确而独特的定位
目标	玩家观看上瘾、达人打造个人IP；玩家购物、卖家不断推出好作品；卖家开启卖货功能
场域	内在：输出你的才华/文案；线上：发视频并参与PK；线下：拍、剪视频
时间	短视频为主，以秒/分为单位
信息	每个人能看到自己账号的运营数据，如粉丝数目；也允许你将一些信息设为私密，如你喜欢的账号

续表

短视频平台	
规则	显规则是投你所好的推送机制，账号的权重依据于完播率、点赞率、评论率、转发率等；潜规则估计只有短视频平台运营公司内部的员工知道；暗规则估计只有公司高层知道
资源	用户上传的视频、产品和公司准备的各种视频制作工具、素材等
冲突	每个人都想吸引更多的粉丝，竞争激烈；很多人卖同类产品或服务
期望玩家体验	快乐、充实、便宜、挣到钱
期望玩家行为	点赞、评论、转发、发广告、卖商品、购买
策略	根据用户行为用算法测算出玩家的偏好，然后投其所好
结果	几亿人在平台上流连忘返，企业（设计师）轻松挣钱

特别的人生模式

生活中的每个价值面都是一个"游戏场"，而我们在每个游戏场中都要扮演不同的角色，"人生游戏"本质上是个多角色、多人、养成类、经营类和策略类的游戏，或者说它是现存所有游戏类型的集合体。

你的本质是"心灵"，只是借助一个人类的身体，来到地球玩人生游戏。你的核心装备就是你的身体。这可是世界上最先进、最精密、最神圣的装备了，其他的都是使用类或情节类道具，包括金钱。随DNA而来的天赋能力对应于电子游戏中人物的某些属性值，只要不断完成任务，它们便会成为我们的优势能力；而我们在各个价值面里通过后天学习、培训、习得的能力，则对应电子游戏中人物完成任务或打副本获得的技能；你的伙伴们，如亲朋好友、同事、同学、老师等对应着游戏里的联盟团队；人生游戏中的外部资源，如资讯、课程、活动、物品、服务等，对应着电脑游戏中的刀枪剑盾等道具，它们使你功力大增。

如此看来，我们已经对人生游戏的基本元素有所了解。那具体怎么玩呢？如何"赢"得游戏目标呢？

"玩赢人生"游戏也要通过完成日事项、阶段性目标、任务等，来取得一定的奖励，包括软收入：例如各种积极的情绪，像如喜悦、自豪感和荣誉感；也包括些硬收入：如工资、奖金、销售收入等，甚至可能还会收获些干货，如物品、服务等。

你在人生之旅中除了习得一系列原则、原理、定律、思维模式等游戏规则和策略，还可以建立起自己的规则和策略。你的使命就是在十三个价值面上不断晋级，努力成为各价值面的达人，最终成为人生赢家，带着更高阶的心灵去往更高维的世界。你会遇到层层关卡：有些关卡你必须自己打通，比如考试、谈恋爱；有些你可以约伙伴一起打，比如工作；还有些你可以外包给其他人，比如做饭、洗衣、购物等日常生活所需。

通关的关键是了解每一个关卡的卡点是什么，了解游戏的意图是什么。是让我学会感恩，还是学会与他人协作？是学习坚持的力量，还是学会选择？你不必为失败所苦恼，因为只要你从每一次失败，或者暂时的失败中学会调用自己的内部资源或外部资源最终通关，人生就没有过不去的坎。当你领悟了、习惯了之后，通关就会变得越来越轻松，而且你会享受人生游戏的整个过程，感受到越来越多的成就感、愉悦感和升华感。

不难观察到，我们通常所处的生活环境，或者说游戏场域，充斥着回避恐惧和沉迷舒适的消极思维：那儿很危险，别去！小心点儿，枪打出头鸟；好奇害死猫；人生的结果都一样，别折腾了；我真的没法创新；我不想让自己和别人失望；这对我太难了；估计别人不想要……它们都有一个共同点，就是基于某种长期积累而来的"怕输"的信念体系而采取了"自我保护"的态度。从短期看，个人层面会小有胜利，但从长期看，消极游戏的玩家最终会是输家。如果我们的后代生活在这样的社区环境里，那么他们就失去了强而有力的榜样可以效仿，这意味着他们无法面对挑战，因为他们从小没有学习过借助经过验证的决策框架帮他们做出有利的决定。

那么问题来了，如何摆脱这种内耗，让生命的质量有质的，而不只是数值上的提高呢？请你想象下，房间中央摆放着一堆乱七八糟、看不出规律的东西，但打开灯时，这堆东西照在墙上的却是两个人影。这就是世界的投影。那一堆乱七八糟的东西则是我们大脑里的各种信念、价值观和规则，它们组合重叠，投射出了这个看起来很牢固的、有形有相的世界。而当你开始变换观察它的视角，从另一个角度去看时，就会看到影像的形态变了。每当我们修改里面的内容——拿走一部分东西——改掉一部分信念，照在墙上的影子也会跟着改变。但只撤走一件两件东西并没有太大的变化，思维的一点小小变化并不能给你的生活带来巨大的转折。但当撤走的东西足够多时，变化就会足够大。这时你就很容易认出，那真的是内在投射出来的影子。

这就是观察者视角的转变。内在信念、价值观、规则、思维认知等内容的转变，会带来外在观察结果的变化。这也是与我同行终将带给你的丰硕成果的深层原因。你一定要装上全套游戏思维的操作系统，才能看到自己显著的变化。

这种转变的好处是什么？其实，与其改变外在的人、事、物，不如改变我们自己的思维来得省事省力，虽然可能不省心。但你会发现，转变了自己的内在状态之后，环境也会随之转变，境随心转。所以，如何感知和看待一个事物就显得特别重要。例如：你的世界观怎么样？你认为人活着的意义是什么？你与他人的关系是什么？你认为挑战是来成就你的，还是来难为你的？你如何展望未来？你有何计划要做的事？你打算如何做到你想做的事？你如何看待你没有做到的你想做的事？你是如何反思和复盘的？如果让你重来一遍，你能做得更好吗？当你回忆过去时，你会因为复盘带来的新方法、新认知而欣喜自己在意识上的进步，还是会因而产生愤怒、伤心、悔恨、愧疚等负向情绪？把你的意识带往未来，你会创造一个能让自己向往的理想生活，还是因为自己平时只是应付重要而紧急的事没空计划未来，于是就产生了压力、焦虑、恐惧等负向情绪。这就是人们常说的人无远虑，必有近忧。

但我想告诉你的一个好消息是，当你意识到这些时，你已经走出盲点，处于涩点，即将朝痒点（勾起"欲望"的某个点）迈进，并将到达沸点（激发情绪的某个点），最终会师于零点。

那么，零点又是什么呢？除了让你感受舒服痛快的痒点、沸点，我还想讲很重要的另一个点——零点。零点宁静致远，免除身心痛苦，带来心灵喜悦。当你按下停止思考的按钮，让你的思维处于静止，你的感知完全在当下绽放时，你就会进入与周围世界相联系的状态，觉知到万物实为一体。

我曾在加拿大温哥华的海边第一次进入这种状态。当时租的小屋就在海边，待业的我悠闲地站在海岸边的一棵树旁，看着不远处的海岛和山脉，心里非常平静，突然感觉自己像进入了一个新的世界，像世外桃源，周围的一切都像是属于我自己的，触手可及。原来，当内在宁静下来后，世界是那么美好，完全没有先前待业带来的焦虑。同时我也顿悟到，原来人可以这么舒服、自在、美好地活着，而这一切这么简单就得到了。这次的零点感受正如印度籍瑜伽士大师萨古鲁说的："万物都来自相同的源头。只有你体验到自己是存在的一部分，而不是单独的个体，你才得以绝对地自在轻松。"我们不只是渴望痒点和沸点，零点也是人生非常宝贵的另一种体验和资产。同时我也意识到，从此我的人生只有得到，没有失去，因为一切感受都是自己的念想带来的，我可以活得开心、快乐，而无须大费周章。

但我今生为何而来呢？只是为了快乐吗？我认为我的人生另有使命。当时我并没有找到答案，但多年的持续探寻，终于给我带来了感到满意的答案：人生是场游戏，我自愿参与到在这场游戏中并去接受挑战。我的身体就是我的装备，我想通过它体会成功带来的沸点，满意带来的痒点，宁静喜悦和一体性带来的无我或超我感。同时我意识到，途中我需要消除众多认知上的盲点、承受游戏规则或资源匮乏或策略不当等带来的涩点，甚至重大挫折带来的痛点。而这一切都是我自愿选择参与的，我知道这些会发生，但我并不担心，因为我来到地球这个世界上就是来经历这些的，不是吗？

当我玩人生游戏时，我会很专注、很认真地玩，因为我想赢。同时内心知道，这就是场游戏，一场无论发生了什么，我都能勇敢地面对和承担结果的游戏。

而这些细则，我们都会在下一章进一步阐述。

第二章

人生新『玩法』：重建心智

CHAPTER 02

『世间男女须秉承造物主的旨意，做最珍贵的游戏。那么什么是正确的生活方式呢？就是把生活过得像在玩游戏……』

——柏拉图

古希腊伟大的哲学家

本章带你用游戏思维设计一种崭新的人生活法，让我们的整个人生更像一场大戏。首先，我们挖掘藏在自己身上的三个宝藏，借以了解自己的特质，认识我是谁；然后疗愈过往经历留下的内伤，清除来自内在的障碍；内心无恐惧之后就可以开始撰写自己的人生游戏脚本了；接下来沿着从未来到现在的时间线设置游戏关卡。

下面，让我们一起仔细地深入到每一步中去。

找到角色：探索内在特质

当我们玩角色扮演类游戏时，首先会被要求从众多角色中选一个你中意的角色。不同的角色具有不同的颜值、功夫、任务或使命。在人生游戏的游戏场里，我们每个人也得扮演一个不同的角色，你选择扮演什么角色呢？

如在"智力"上，我愿意扮演创意家；在"性格"上，我愿意扮演进化者；在"情绪"上，我选择扮演"调情"高手。此"调情"非彼"调情"，而是善于调整和创造想要的情绪；在"心灵"上，我则愿意扮演"通灵"者；在"事业"上，我选择扮演创新者；在"财务"上，我追求成为财务自由者；在"为人父母"上，我选择做教练型父亲；在"爱与被爱"上，我选择做支柱型丈夫；在"为人子女"上，我选择做独立型儿子；在"伙伴"上，我选择做支持型哥哥等。

角色就是你在人生游戏中的定位。你选择扮演什么角色，就决定了你生活脚本的基调，扮演的好坏将直接决定你的人生质量。

问题来了，在不同的游戏场中，我们选择不同角色的依据是什么呢？答案是：依据自己的内在特质，来认知自己是谁。

一个人如何既有成就，又感到快乐、还觉得有意义呢？秘密就在于探寻和应用我称之为一个人内在特质的"内在三宝"：热爱、天赋和价值。因为热爱，所以过程感觉好；因为有天赋助攻，所以更容易成功；因为追求价值的实现，所以生命才有意义。

请想象一下，如果你完全活出了自己的激情，发挥了自己的天赋和拥有了自己认为高价值的生活，那人生将会多么灿烂。当我们刻意模仿别人的时候，通常会感到自卑和力不从心，因为那不是我们所擅长的，我们都只能扮演好自己。任何他人都无法超越那个最好的我们。

可以毫不夸张地说，如果你能将天赋投入自己喜爱的事物上去，并为自己看重的价值点而活，也为他人贡献出他们看重的价值点，且能得到所在场域的支持，这种状态就可以称为"圆满"。其实，生命的内在本就自性圆满，你只是将这种圆满展现出来、活出来，在人生游戏场中体现出你的英雄本色。

那做什么事让你感觉特别棒？做什么事你很擅长？做什么

事让你觉得特别有价值？哪个游戏场的什么场域特别支持你做这件事？如图4所示，这四个问题的共同答案就是能彰显出你本自"圆满"的事项，我将其称为人生游戏的"神通术"。长期做，它也许能成就你的事业，甚至

图 4

成为你的人生使命，它非常值得探寻。

也许你会问，在生活中达到"圆满"状态是不是很难？但我想告诉你，人生游戏本就是努力抵达"圆满"状态的旅程，它本质上就是你外显内在圆满的过程。如果你不断地挖掘藏在身上的三座宝藏，就会成为"家里有矿的人"。这三个顶级宝藏，是你人生游戏的启动资本，下面就让我们一起挖挖看吧，我保证你会对自己有个全新的认知："原来我这么富有！原来我本可以彰显出我的圆满！"

热情：可将人生推至巅峰的"红宝石"

你身上有种可以带给你能量的"红宝石"，名为"热情"，纯度最高的红宝石被称为"热爱"。

它是我们在做某件事时所体验到的一种充满激情、动力和享受的状态。我们平时所说的极富灵感与创意的"巅峰"状态，就是在"热爱"的状态下产生的。热爱不是他人给我们的，而是我们与生俱来的，就像是蕴藏在我们内心深处的某种力量，像是一种量子纠缠现象，是心灵的诉求，是你的内在动力。

可以毫不夸张地说，没有什么比做自己热爱的事更幸福的了。而由此进入的心流状态，也是成为人生游戏"玩赢家"的必备条件。很多人认为挣钱是最最重要的事情，在这种信念的驱使下，他就会穷极一生只为了挣钱而做自己不喜欢的事情。因为并不热爱自己所做的事，就很难成为大师。你想拥有漫长而失去热情的一生吗？更糟糕的是，你做着不喜欢的事情，然后成为父母，对你的孩子言传身教，他再过着和你一样的生活。但如果你真的喜欢你所做的事情，只要不断精进，最终都会成为这一行的大师。

亚马逊创始人杰弗里·贝索斯告诉我们："做一些你真正有热情的事情，而不要追逐那种一时的热门。"苹果创始人斯蒂芬·乔布斯告诉我们："人们说你要有满满的激情去做你在做的事，这非常对。原因就是这过程太艰难了，如果你自己都不热爱，任何有理性的人都会放弃，你必须在很长时间内坚持做下去，如果你不觉得做这事有趣，如果你不是真爱做这件事，你很容易就会放弃。"这也是为何在三个宝藏里，我们先介绍热爱的原因。

物理学家爱因斯坦将他的成就也归结于热爱，"我没有特殊的天赋，只是热爱好奇"。印度诗人、哲学家泰戈尔说："我们在热爱世界时，便生活在这个世界上。"世界潜能激励大师安东尼·罗宾说："要记住，若心存无力感，便会成为没有能力的人，要想改变人生的第一步，就是消除这种无力感。"

结合我自己的个案：我对探究人生最佳活法非常着迷，以至于不知不觉中花了六年的时间来写书、设计桌游和开发相关的互联网产品，投入的金钱更让很多人感到惊讶。有位贵人问我："你觉得值吗？"我的回答是："很值。"也有人夸我说："不容易呀，你坚持了六年了。"我笑着回答道："很容易，因为我享受了六年。"老实说，如果不是热爱做这件事带给我的力量，我可能走不了那么久、那么远。在这途中有无数个"冲突"将你推向别的方向。

下面我们再来看一个个案，体会下热爱的力量吧。

中国第一个票房突破50亿的动漫导演饺子就是一位靠热爱成就自己事业的典型案例。他学医三年，但最终听从了打小内心的热爱：动漫。初中时，同学问："你有什么理想？"他说："我要当漫画家！"

从小到大，饺子都酷爱绘画，也算得上他认识的同龄人中画画最好的，课本上布满涂鸦，大家也称赞他画得好。然而，他的家境普通，本人又是个危机感很强的人，知道长大后在社会上靠画画赚钱的人风毛麟角。于是，他压灭兴趣爱好的火焰，开始学医。

但这火焰其实从未真正熄灭，它一直在燃烧。某天他终于决定放弃医学，开始自学MAYA（三维动画软件），入行CG（计算机动画）。40岁时，他导演的《哪吒之魔童降世》被盛赞为国漫之光——创下动画电影首日最高票房纪录、动画电影最快破亿纪录；豆瓣评分8.7，是近十余年国产动画电影的最高分；上映第14天，票房破30亿元，排名中国影史电影票房总榜前三。

很多人常说，我学了这个已经两年了，放弃了是不是太可惜？我已经做这行三年了，转行是不是太浪费？我在这里坚持五年了，难道不应该再继续坚持吗？殊不知，坚持是痛苦的，热爱却是幸福的。你愿玩一个带给你痛苦的人生游戏，还是转而寻求幸福呢？

找到了热爱，即是找到了自我奖励，你就能开始设计自己的人生游戏了。无论你找到的热情是什么，对你来说那都是无比珍贵的"红宝石"，是你生活实境游戏中的护身符，一个超级强大的道具，给你带来游戏过程中无比美好的愉悦感。失去热爱，人的生活质量要低很多。可以毫不夸张地说，没有去探寻自己的热爱，是对自己"人生"的辜负。你是生来就拥有这个宝藏的，它就在那里，期待着你的"挖掘"和"关注"。世上没有什么比失去热爱损失更大的了。这就像你有个祖传家宝，你知道它在你家的某个地方，却不去找它，不给它机会显示它的强大威力，这是违背天意的。

图 5

我们将自我驱动去做某事统称为有"热情"，它分为"兴趣""爱好""热爱"三个层次。让我们通过对比它们之间的不同来更好地理解这个概念吧。

"热情"在萌芽阶段大多表现为"兴趣"；"爱好"相对"兴趣"而言，是愿意做某事的更高一级的阶段，做某件事的时间和频率都会大大提高；"热爱"则是自愿做某事的最高级阶段：你心甘情愿地投入，对你所从事之事业充满幸福的憧憬，并全身心投入地付出、奋斗，享受其中上下起伏的过程，其中酸甜苦辣你都能承受得住，甚至最终没有回报也不后悔，尤其是遇到阻力、挫折时，才显出什么是真正的"热爱"。

有一个很好的段子将"没兴趣"与"热爱"极大地区分开来：我给我妈买了台智能洗衣机，教了她很多回，她还是不会用；后来我给她买了台麻将机，她不仅不用教就会用，而且还会修理它。

在职场上，如何判断一个人（当然也包括你自己）对他做的工作是处于"兴趣""爱好""热爱"中的哪一层级呢？以下表现可供你参考和借鉴：

场景	兴趣	爱好	热爱
面试时	问工作职责	问专业问题	问职业发展
工作中	做会儿，玩会儿	专注地做	主动要求做
下班时	到点就走	过点才走	做完才走
下班后	不太关注工作相关内容	关注工作相关内容	研究工作相关内容

"兴趣"可以看作是"热情"的萌芽阶段；"爱好"可以看作是"热情"的开花阶段；而"热爱"则是果实。随着时间的推移，起初的兴趣可能发展为爱好，而爱好则可能发展为热爱。无论是兴趣、爱好还是热爱，它们都值得拥有。兴趣给你带来了对新鲜事物的体验；爱好则让你一直享受着什么；而热爱则让你享

受主动挑战带来的心流体验，从游戏中的青铜跃升为王者。

你知道"热爱"在人生游戏中可以带给你什么吗？这可能超出你的想象。

在"伙伴"中，让别人更好地了解你，吸引相同热爱之人。

在"事业"中，如果热爱能转化成事业，当然是再好不过。也许雇主在招聘人才时就可广而告之，有"热爱××"之人优先录用。

在"爱与被爱"中，你的"热爱"很可能是对方喜欢上你的理由。爱人之间最重要的就是能够彼此赋能。

在"为人父母"中，给你的孩子树立起"很有能量"的榜样。

在"品味生活"中，你感到幸福满满，痒点、沸点爆棚，而且能带动周围人一起体验你的"热爱"，传递正能量。也许你是个"美食爱好者"，那就告诉别人哪里有特别好吃的；也许你是个"驴友"，那就告诉大家你认为最值得去的地方。

在"为人子女"中，做一件你热爱的事，来表示你对父母的关怀吧。例如我热爱"健身"，每天早上我都会锻炼一个小时，回来时，就告诉妈妈我在哪里看到了有广场舞，鼓励她去参加。

在此，我就不一一列举了。总之，尽可能多地将你的热爱在十三个游戏场中都用上吧，因为那是你爱做的，能给你带来好的体验。前提是这些能促进你所在游戏场的进阶。它们不会消耗你的意志力，就像不会让你长胖的甜点。

最后我想用美国歌手洛福斯·温莱特的金句作为结束语："人生是一场游戏，真爱是它的奖杯。"

天赋：智慧与领悟力的"蓝宝石"

"天赋是对某种事情的一种本能，拥有某种天赋的人对于这种事情究竟是什么、如何运行以及如何做好，有一种超乎寻常的直觉和领悟力。"美国教育学家肯·罗宾森，是这样来定义天赋的。

天赋是高度个人化的。人可能对一般性的活动有天赋，比如数学、音乐、运动、诗歌；也可能是极为具体的，比如并非所有科学，而是生物化学；不是全部田径项目，而是跳远。

这个藏在你身上的"蓝宝石"——天赋，它带给你的技能是其他人拿不走，甚至是不可复制的。法国思想家、文学家、哲学家伏尔泰说："天赋的力量大于教育的力量。"

每个人都有一些属于自己的天赋，能给周围人带来些什么。它不仅是某项技能，而且是可被点燃的、骨子里就有的优势，大部分人从来没有发现过他们独特的天赋，也许是他们不知道自己拥有某种天赋，或不相信自己会有某种天赋，抑或天赋出现时没被认知出来。天赋很多时候是才能潜力，我们并不一定能够准确地意识到。在这个意义上，我们可以把天赋看作是一种隐性能力，也就是说，我们不知道自己具有这种能力。

马库斯·白金汉在《现在，发现你的优势》这本书中写道："人生最大的悲剧，并不是我们没有足够多的优势，而是我们根本没有去发现和利用自己所拥有的优势。"这里需要特别注意辨析，哪些只是你的一点儿兴趣或爱好，或因为从众心理而打造出的少许优势。

市面上有一些发现天赋的方法，如皮纹测试、脑电波、基因检测和问卷测评等，这些需要第三方帮助你做检测。此外，我也找了四种途径来辅助发掘天赋：身体、原生家庭、人类图和问他人。

天赋代表一种潜力，如果没有刻意练习，对天赋进行持之以恒的锤炼、发展，那么到最后，就会成为另一个方仲永。要相信，天生我材必有用；也要知道，不行动一切都为枉然。正如《最好的我们》里所说：这个世界属于有天赋的人，也属于认真的人，更属于那些在有天赋的领域认真钻研的人。

现在我想回问，你认为什么是"天赋"呢？我想这个问题的答案离不开游戏的场域。之前我们认为"天赋"是一个人自身携带的，可是如果离开了这个人所在的游戏场域，天赋似乎就不存在了，甚至会成为弱点，例如虎落平川被犬欺。而且你还需要去观测它能带来的好处，否则它也不存在。

而我的"天赋"则有些特别。我把天气看作"宇宙脑"的情绪，情绪是可以传染的。我的身体也因而有个特质，在晴朗之日，身体会感到精神抖擞；在阴雨之日，身体会很无力；特别是在即将下雨之时，感到尤为倦怠。我曾经在很多城市居住过：北京、上海、广州、温哥华、费城等，但最后我选择定居深圳和香港，其中主要的一个原因就是后者一年之中晴天占大半。同时，我也把身体当作了晴雨表，如果没有特殊的理由，但感到不适时，我就会想，是不是要变天了？我出门带把伞吧？准确率还真的蛮高的。当然，这只是一种个人感受，但不得不承认我的身体真的很有智慧，而我周围人都没这个本事。

这么看，"天赋"至少部分是意识观察的产物。只要是能带来好处的"特质"都可称为"天赋"。鉴于任何"特质"都能在某些方面带来好处，那岂不是一个人的"特质"就是他的"天赋"？所以，这个世界上，在没想好你想要什么之前，其实并不存在"高"就比"矮"好，"瘦"就比"胖"好，"高度敏感"和"独处"都是天赋，不同的属性都是天赋，也都不是天赋，这就是"天赋"的"空性"。

如果看到了"天赋"的"空性"，你就可以创造"天赋"。这也是人生游戏可玩性很强的又一个佐证。我将其称为"广义天赋论"：新事物第一次诞生时的"天赋"属性会对事物后续的发展造成巨大的影响，于是我们可以向着有利于实现愿景的方向去选择性地创造新事物诞生时的天赋属性。例如，依据企业纳税的税率来决定企业注册在哪里；依据你想遇到什么样的恋人来决定你住哪里。相信聪明的你一定能想出很多创造天赋的实例。

现在让我们一起看看"天赋"在各个游戏场下能带来的好处吧：

1.在"事业"中，你可以将天赋应用到其中，会有如鱼得水之感。

2.在"伙伴"中，它让别人更好地了解你的属性，谁都喜欢有才华的人，甚至能吸引想发挥你天赋的"贵人"。

3.在"爱与被爱"中，你的"天赋"很可能是对方喜欢上你的理由。谁不喜欢有才华的爱人呢？

4.在"为人父母"中，给你的孩子树立起很有"才"的榜样，毕竟有"才"之人做事容易成功。

5.在"财务"中，你的天赋能用来帮你挣得更多钱吗？我有个天赋——"大志向"，这是"成就型"人格的典型特征，推动我树立了"实现财务自由"的抱负。

6.在"为人子女"中，做件能用上你天赋的事，来表示你对父母的感恩吧，毕竟你的天赋能力来自他们的赠予。例如，我有"表演"的天赋，那我就将我表演的视频发给我的父母看，让他们开心。

其实只要一个理由就可以充分解释为什么要重用你的天赋能力，因为它们就像你祖辈传下的传家宝，价值黄金万两，如果放在那里不用，时间久了，它们就会因为熵增❶的原因变成朽木。而更有讽刺意味的是，很多人还不断花时间、精力和金钱去习得其他能力，来挣取金钱。真是舍近而求远，弃内而逐外。

只要能促进你所在游戏场的进阶，就请尽可能多地将你的天赋在十三个游戏场里都用上吧，因为那能带给你更多的成就感，带给你更多的自信，会增长你的心力，而且越用越有！

至此，你已经意识到自己生来就是亿万富豪，现在我们已经发掘了藏在你身上的两座宝藏了，是不是感到有点儿膨胀？你对自己是个强大的存在还有怀疑吗？你不仅"家里有矿"，身上也有"矿"，你生来就是矿主！而且你可以开始尝试着发现自己的天命了。

肯·罗宾森认为："天命"一词用来描述这样一种境界，在那里，一个人擅长做的事，也就是我们通常说的天赋；他喜欢做的

---

❶ 请见 P81 的"熵增原理"。

事，也就是我们通常说的热爱，可以完美结合。能否找到天命并不仅仅是天赋的问题，我知道很多人天生擅长做一些事情，但并不觉得那是来自生命内心的呼唤，找到天命还需要一样东西，那就是热爱，一种深深的喜爱。热爱自身所从事的工作的人们，不会认为自己的工作是一般意义上的谋生，很有可能感觉到投入事业的自己才是真正的自我。热爱做家务的人，不会因为自己没有在外工作而感觉生活不开心，或没有充实感。例如，日本有个整理大师近藤麻理惠，她觉得做家务很有意思，对烹饪、清洁、整理、洗衣和缝纫，都很感兴趣。她在做家务中获得无数心得，并出版《怦然心动的人生整理魔法》一书，其发行量达200万册。她被美国《时代》周刊列入"全球100位最有影响力人物"名单。

问题是，天赋和热爱来自哪里呢？我的答案是，天赋是生来就具有的潜能，最可能是随DNA而来的；而热爱主要来自你内在的动力，最可能来自心灵。

现在，是时候让我们一起挖掘藏在你身上的第三座宝藏了，那会让你达到沸点！

价值：你，就是这个世界的"黄宝石"

"价值"是一个人认为自己能从某事中得到的好处或意义。任何一件事情给我们带来的价值都不会只有一种，但在这众多的价值里，一些价值比其他的价值更高。我们可能会放弃一些较低的价值，去保护一些较高的价值。在事与事之间的选择上，我们也会凭着它们能提供的价值高低进行取舍。不同的人在不同的价值面上，给予的权重也是不一样的；不同的人在同一个价值面上，寻求的核心价值点也可能不一样；同一件事物，给不同的人很可能带来不同的价值。

在人生实境游戏中，我们为什么要花时间、精力、热爱、天赋、金钱等众多内外资源，去经营人生游戏的十三个价值面呢？首先是因为它们对我们来说很重要，也就是具有重大价值。其次是因为我们想从中获得价值，也就是我们看重的价值点。所有这些价值点，代表了我们人生的需求，构成了我们三观中的价值观，反射出我们人生观中的正向意图。心理学家西格蒙德·弗洛伊德说："一个人做一件事，不是为了得到乐趣（正向价值），就是为了避开一些痛苦（负向价值）。"

也许你看过这样一个视频。一位教授掏出一张20美元的纸币，对他的学生说，我想将这20美元送给你们当中的一位，请问谁想要？结果，几乎每位学生都举起了手。教授立刻将这20美元的纸币在手中使劲地揉捏，弄得皱皱巴巴的，接着问："谁想要？"学生还是纷纷举起了手。"但如果这样呢？"教授随后把纸币扔在了地上，用脚使劲踩、使劲碾，纸币这时变得又脏又破："现在谁还想要呢？"教授又问道。结果台下学生还是纷纷举起了手。教授这时说道："我看到的是无论我怎么对待它，你们还是想要，因为它的价值从来没有变化。亲爱的同学们，生命中很多时候，我们都会觉得命运在狠狠地折磨我们，把我们踩在脚下，有时我们感觉已经没有价值了，像是个废物，但无论现在还是将来发生了什么，面对什么，经历了什么，你要知道，你从来都没有失去价值，永远记住。"

这个案例也告诉我们一个深刻的道理，人们更偏好那些内在的、有稳定价值的事物，它们的价值并不会因为外在环境的变化而有巨大的波动。例如，我也认识到，四大内在颜值❶之一的性格美德，远比一个人的外在颜值（当然我也喜欢）能给我带来更多、更持久的美好感受和体会。同时我想在此对这位教授的实验做些补充，作为地球上最高级的生命体，我们存在的本身，就代表对这个世界的贡献。也就是说，因你的存在而产生的潜在需求本身就极具价值，它给其他人带来了存在的价值感。不是吗？请设想一下，如果不再存在人的需求了，甚至只是大大缩减了，我们的社会经济将会如何？很多人将会因此而失业，甚至产生多米诺骨牌效应。

---

❶ 简称"内颜"，包括智力、性格、情绪和心灵。

此时，你的自尊是否又上升了一两个台阶？如果你还想做个更有价值的人，或者让你供给及需求的价值得以持续，甚至得以放大，那就需要持续创造对他人、对社会的贡献价值。我们每个人在帮助他人中获得价值，换句话说，就是满足他人需求的同时也体现出自己存在的价值，自己被需求的价值。正如那张被反复折磨的钞票，无论命运怎么对待它，它还是被需求的，甚至被尊重的，这就是价值的力量。

"生命诚可贵，爱情价更高，若为自由故，两者皆可抛！"匈牙利诗人裴多菲清晰地告诉我们他最看重的是自由。你能说出在所有十三个价值面中各自最为看重的价值点（核心价值点）吗？很少有人能够做到，因为大部分人根本就没有仔细想过这个问题。他们不知道在日复一日的生活中到底想要什么，自然就很难让自己满意。你认真地想过这个问题意味着什么吗？这意味着，在每个游戏场中你都能分辨什么是黄宝石，什么是粗沙砾；什么是宝贝，什么是废物；你到底想得到什么，你特别想得到什么。你对人生之旅便有了更为底层、深刻的诉求。它们就像点缀在绒布上的珠宝，或像天穹中的明星，虽只有星星点点，但代表了精华，精华中的精华。它们就是你想摘取的灵芝、仙草。

如果你是一位情绪容易波动的人，也许你想把"带给我情绪价值"作为你在"爱与被爱"价值面中的核心价值点。你希望自己的爱人能在自己沮丧时能来哄自己开心，在自己焦虑时能安抚自己。如果你不知道自己看中的核心价值点，那意味着你很可能会因"小"失"大"，例如因为对方并不富裕而否定其能给你带来的情绪价值，或因为贵人在一件事上未能令你满意，你就忽略了对方曾给你的许多帮助。

那价值观和需求又有什么区别呢？需求是因为你内在的不平衡而直接引发的行动，而价值观是你的内在判断；两者有点儿像我"想要"和我"需要"之间的区别。比如我需要吃饭，但很少人会把吃饭当作自己的核心价值观；又比如我去爬雪山，过程中我要不断地让我的需求平衡，比如我需要吃、需要喝、需要保暖，但其实爬到雪山顶，才符合我真正的价值观。当人这一辈子没有什么高级需求的时候，就很容易被自己的低级需求所占据。比如你去旅行的时候，不知道自己最想要参观的是什么，就很容易在沿路只是吃吃喝喝，拍拍照，这样一来，你的内心就被初级需求所占据了。

在马斯洛需求层次中❶，底层四个是匮乏性需求，而最顶层的自我实现是成长性需求。马斯洛认为，不要让动物性引领生活，人应该尽可能用低成本去满足自己的匮乏性需求，这样就会

---

❶ 从下至上分别是：生理需求、安全需求、情感需求、尊重需求和自我实现的需求。

让自己尽快进入成长性需求，进入自我实现的空间里。价值观不一定能引发直接的行为，要转化为需求才会引发行为。

当然，如果没有刻意挖掘价值观就不会觉得不满足，只有产生了不平衡，才会引发满足需求的行为。而不断强化自己的价值观，产生出不平衡、不满，才能有需求，人才能成长，才会激发行动。有人知道价值观的存在，却没有"喂养"它，没有让它产生不平衡、产生需求，就好像有一个特别好的项目，这人却从来不往里面投入资金，也不投入时间。

只有做出"喂养"它的行为，通过主张、践行、体验、确定、持续的投入等，才能养出你的"定见"。

主张可以让你的价值观越过他人认同的那部分；然后是践行，也就是越过内心判断的部分。从体验到确定，从确定到主张，从主张到践行，慢慢地你就越来越相信自己，就会开始形成一个强大无比的定见。人有定见就像人有信仰一样舒服，而这个信仰是自己打造出来的，不是书上写的，也不是被灌输的，更不是被恐吓出来的。

让价值观引领你的生活，让你产生不平衡，继而产生满足价值观的需求，就可以超越一些匮乏性的初级需求。发掘了价值观后，不断"喂养"它又可以带给你定见，之后就可以修炼获取价值的能力，这种能力也会在持续的投入中见长。定见就是个人打磨出来，特别厉害的、属于自己的信仰体系。职业规划与生涯教育大师舒伯也说过，人生是不断产生清晰的、恰当的、整合的自我概念，并且不断地在生活中检验这个概念，修正这一概念，以达到个人和社会的双重满意。当一个人做任何事情都能理解到这件事情跟他的价值观的关系的时候，他基本上就无惑了。

好了，至此如果你已经做好了挖掘"内在三宝"的功课，那么现在你已经"富得流油"，有了玩赢人生的天使资本，也知道自己是哪块料，对回答"我是谁"这个问题也有了丰满的答案。那么，你几乎可以做你想做的任何事情了。下一步，也就是在撰写我们的人生游戏脚本之前，我们还将通过沟通我们的潜意识与"心灵"，也就是人生公司的"董事长"，来去除内在的羁绊和无力。

当意识和潜意识达成一致后，你将变得无比强大，因为人生其实是个典型的内在世界的游戏。

初始技巧：去除内在无力感

自出生以来，每个人都或多或少地在内在世界留下了些记忆，它们在帮助我们避免经历"痛点"或"涩点"的同时，也使我们变得畏缩不前。那么，只有祛除内心的这些羁绊，才能将自己带入真正的"玩"的境界，也就是心底放松、心中专注、心外积极的状态❶。

那么，要如何处理这些记忆呢？首先要了解它们羁绊我们人生的根本原因。

在人生游戏中，心灵扮演了合伙制企业董事长的角色，而思维是CEO，它需要不时与董事长互动，聆听后者的想法，以便两者能达到一致，最终合一。人与人之间的互动可以通过语言，

---

❶ 第五章会给出"玩"的定义和详解。

而我们与心灵的沟通，则需要借助语言及身体这个媒介。

我把心灵称为潜意识中的显意识，它的诉求往往通过身体来传达，所以觉察身体的感受是与心灵和潜意识沟通的第一步。虽然我们的DNA为我们设定了一定的"命"，但我们能改变我们的"运"，图6给出了其中的逻辑关系。

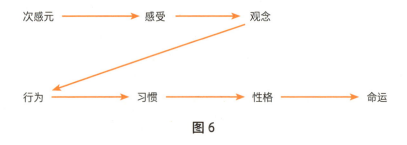

图6

我们的大脑通过五官输入信息，用三种感元保存信息，这三种感元分别是：视感元、听感元、触感元（也叫内感觉）。科学家发现：虽然我们见到或者想到一个人时，脑里会涌出一张面孔或一个声音，但其实这是很多很多细小资料的合成结果。而这些细小资料，是一些基本的构成元素。这些从集中感元中再细分下来的基本元素被称为次感元（Sub-modalities），也叫经验元素，即组成我们的经验或记忆的基本元素。

例如，视感元的次感元有：光亮度、大小、形状、颜色、距离、清晰度、位置、对比、动或静画、全画面或有框架(如电视机)、速度、跳动或连续、光的角度等；听感元的次感元有：来源方向、距离、速度、音量、声调、清晰度、位置、拍子、对比、持续或间断等；触感元的次感元有：压力、位置、范围、强度、温度、频率、期间、形状、粗糙度、重量等。每一项记忆都是由不同的相关元素组合而成的。如此，不同的记忆，便是不同的组合，而构成元素则基本不变。我们所储存的所有记忆，都是由次感元构成。事情发生后是不能改变的，但事情带给我们的情绪效应是可以借助改变构成记忆的次感元而改变的。

以下这个简单的实验可以证明这个道理：回忆让你忧伤的事或者人，然后调用你的次感元去改变这个回忆。将场景的大小和色彩分别修改成微缩版和黑白色；把人改变成你喜欢的卡通形象；再将他们的声音改成唐老鸭或白雪公主的声音；改变他们的动作，让他们嘴里含个奶瓶；之后再看，那就是完全不一样的心情状态。

这个实验告诉我们，我们完全有能力改变，甚至设计自己的感受，进而按图 7 的逻辑来塑造自己的命运。通常，我们在明白了很多道理之后，仍然会陷入不行动的状态，因为人们很容易被过去留下的创伤所羁绊。也容易陷入不自尊的心理状态，抑或被心灵的诉求所困住，让你的"思维"这位 CEO 无所事事。庆幸的是，人类已经研发出很多玩内在世界游戏的技巧，帮助我们应对常见的心理挑战，从潜意识中去除你不想保留的，得到你想得到的，助你构建对世界的好奇，让你跃跃欲试，形成积极"玩"人生游戏的状态。而且即便出现挫折，也能自我疗愈。

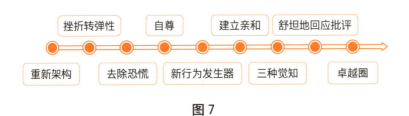

图 7

如果你对图 7 中每个技巧的内容本身感兴趣，建议你去上些NLP（神经语言程序学）[1]课程，就不在此展开了。下面只简单介绍每个技巧的用途。

1.重新架构

如果有某种思维模式或内在声音阻碍、反对你接受"游世观"，可用技巧"重新架构"。它是个万能技巧，用来与潜意识

---

[1] NLP 是神经语言程序学（Neuro-Linguistic Programming）的英文缩写，它是关于人类行为与沟通程序的一套详细可行的模式，用于了解人类经验、行为并使之有所改变。

达成一致，用于改变某种思维及心智模式、内在声音、行为模式（坏习惯）、情绪反应、限制性信念等。用这个技巧来与身体的某个部位沟通，找到替代方案，改变它来支持你新的世界观和人生观。

2.挫折转弹性

在实现愿望的路上，遇到挫折容易不知所措，这时就用技巧"挫折转弹性"对过去没有达到理想效果的经历进行复盘，并生成新的脚本，同时使用结合和抽离的体验，从新脚本中产生新的智慧方案，直到内心深处感受到这就是你想做的，并用结合的方式进行未来演练。凭此技巧，你应对挑战的能力定会越来越强。

3.去除恐慌

在实现愿望的路上，会遭遇重大事件，而之后一旦再遇到或提及，就容易陷入恐慌中。这时就可以用"去除恐慌"技巧，它用于中和"强烈恐慌"记忆的影响，不被过去的负面记忆羁绊。你可以对这个负面记忆打个分，在十分制里，如超过五分即可用此技巧。

4.自尊

任何时候，如果你感到内心无力，自己不优秀，就可调用"自尊"，通过调整自我内在的影像来调整自尊的强度。

5.新行为发生器

当你迈不开第一步，或想要养成新习惯时，心里没什么热情，但却清醒地意识到这个习惯的价值，这时你就可以用"新行为发生器"技术，激励自己做不太想做的事情。

6.建立亲和

在与人交往的过程中，首先是释放彼此的亲和力。如何用身体语言与他人快速建立亲和力呢？"建立亲和"这个技巧可以帮你。

7.三种觉知

当其他玩家的声音与本人内心的声音、自己的诉求相冲突时，该如何决策呢？"三种觉知"这个技巧教会你从多重立场了解人际关系中可能存在的问题，并从中寻找更好的相处方式，提高共情能力。如果将此技巧用于自己的思维、心灵和外在的声音之间，也可能产生多赢的局面。

8.舒坦地回应批评

无论你有所为还是无所为，都难免受到批评。你会怎样回应批评？是反应还是躲避，或是聆听并采取双赢行动？"舒坦地回应批评"这个技巧可以帮助你智慧地回应批评。

9.卓越圈

当你实现目标后，被邀请去分享或演讲，并因此感到紧张时该如何应对？"卓越圈"这个技术能将过去的状态，如自信、成就感运用在未来需要的某个时刻。

这些技巧的功效，用一句话概括就是："将心态调整到位。"在获得NLP执行师资格认证的途中，我做过很多个案，受咨询人对这些技巧的反馈都非常好，远非语言表达所能及。应用这些技巧的过程就是地地道道地在玩内在世界游戏的过程，没人能替代你去玩。而且这种体验最好不要提前剧透，否则效果会大减。与这种体验相比，语言显得太过粗陋，就不在此赘述了。如果你想亲自体会，我建议你也去参加 NLP 培训。如果你的体验和大多数参与者一样，调整好心态后的你将没有什么羁绊，甚至如青少年一般，迫不及待地想开始玩生活的游戏。

在此我想特别强调的是，对这些技巧练习的越多越好，这样你才能从最初的无意识无能力，走向有意识无能力、有意识有能力，最后达到无意识有能力的状态。

在破除来自自我内在的障碍后，我们便可以开始思考此生要玩些什么了，也就是人生游戏脚本的内容。

设计脚本："重写"自己的人生

现在，角色的设置已经基本完成。但是没有脚本，演员就不知如何演戏。我们该如何设计出一个超级精彩的人生游戏脚本呢？其实，它的设计非常简单。

我们将对前文提到的十三个价值面中，除了"未来"外的十二个价值面，问同样的五个问题：

信念：我相信什么或我愿意尝试着去相信什么？

愿景：我想要什么？

动因：为什么我想要它？

策略：我需要怎么做才能得到它？

心流：如何才能进入心流的状态？

下面让我们来逐一看下这五个问题，它们的答案构成了你人生游戏的故事部分。

1.信念

在每一个价值面中，我们都可以问自己，关于这个价值面，什么样的基本信念能带来成功？

我们这里提到的信念，指的是一个根本性和基础性的信念，并非是无关紧要的信念。这必须是一个能够将其他信念都构建在其上的信念。例如在心灵价值面，我相信我是自信圆满的，这个信念给了我无条件的自尊。

信念存在于潜意识中，默默支持并照顾着我们。没有信念，我们就不知如何行动。这些基本信念将影响你的思想，给你前进的动力，所以重要的是选择一个适合自己的基本信念。

2.愿景

接着我们需要问自己：在生活的某个价值面中，我真正想要什么？这就是你的"愿景"。你能在其中寻得你的理想生活，它就是你在人生游戏中想迎娶或成为的理想女性、想嫁与或成为的理想男性。

愿景是一种展示未来你将会成为或可能成为的样子的思维图

像，以及掌控这一思维图像的能力。马丁·路德·金有一个梦想，他看到了一个未来，人们将不再根据肤色判断一个人；圣雄甘地设想印度以和平的方式摆脱英国的统治独立出来；肯尼迪有一个愿景，他希望十年内人类可以在月球上行走，这个愿景太远大，以至于在他去世后才得以实现。

我也有一个愿景：每个人都过上自己想过的生活。如果我在这个价值面中的生活现状就是我所希望的样子，那会是怎样的一种感觉呢？在人生实境游戏中，愿景的实现带给你的是"成就感"甚至"英雄感"。如考上了自己的第一志愿，嫁给了自己心仪的爱人。

3. 动因

比起其他的东西，格外想要某些东西的原因，将是你是否会得到它的决定性因素，这就是你的"动因"。找出真正的原因、深层的原因，找出让你心为之一振、难以拒绝的原因。只有当你与自己"为什么"想要某些事物的原因链接时，你才可能得到这样事物。

在这里，我与你们分享我把发明新活法当作我的事业，并希望把它变成一个营利性项目的内在动因：我内心深处想成为日本经营之圣——稻盛和夫那样的哲商，并将这份成就作为我今生的

"代表作"。

而"为什么"的根本，其实就是在人生游戏中，实现了愿景后你所期望获得的奖励或战利品，这与电子游戏里完成每个任务后奖励新装备或道具的形式是类似的。形成这种机制的原因是奖励会提高我们的多巴胺水平，会激励我们，给我们营造出良好的氛围感。

在人生实境游戏中，我们实现愿景后，也能立刻获得对应的新装备：内部资源或外部资源，如赢得挑战的经验、韧劲、洞察力或金钱、房子等。

4. 策略

你问自己的第四个问题："我该走哪条路？"是指你实现愿景所采取的策略。策略是指为了实现你自己制定的生活愿景，你打算通过某一途径，具体如何去做。你的策略是由一切能够帮你接近或抵达自己愿景的事物组成。如果愿景是WHAT，你想得到什么；那动因就是WHY，你为什么想得到它；策略就是HOW，你打算如何得到它。

在这里，你会发现自己需要做一些什么，必须采取一些行动，才能显化出你真正想要的生活。你需要结合自己的具体情况，来采用你的策略，再说一遍，是你的策略。你有哪些内部资源？你有哪些外部资源？是自己去习得某项专门技能，还是外包给他人做？

这里分享下我实现事业愿景的策略：我打算先出版两本书，传播我"玩赢人生"的新活法；然后再推出对应的桌游，帮助玩家获得快速的体验；之后还想写个电影剧本卖给电影公司，在数字世界里显化理想的人生；最后开发对应的App，建立一个线上社区。至此，只剩下最后一个问题了，如何让我们撰写的游戏脚本将我们带入心流的状态呢？最好是结果和过程都让人感觉不错的那种。

5.心流

能将你带入心流状态的愿景是指什么？是指这个生活愿景要令你感到充实、有意义；要实现得了、能拿结果；也就是能带来成就感，甚至英雄感。这个愿景应该是我们真心愿意通过努力实现的，让我们真的很幸福快乐，包括在实现这个愿景的途中。这时候，这个愿景就处于你的能力与实现愿景难度相匹配的心流区域中。

现在，我们已经找出了基于五个原则的五个问题。这些问题能够以高度的确定性，显示出你的生活愿景能否将你带入心流的状态。如果你可以诚实肯定地全部回答这五个问题，那么你就已经找到了心流的愿景，也能够继续前行，制订一个计划来实现这个愿景。

第一个问题：**"当你看自己的愿景时，你为自己要得足够多吗？"**

你的愿景真的能让你感到满足吗？这个问题的背后有个**"巨大潜能原则"**（你的内在拥有的潜能十分巨大，可以用一生去发掘。在试图开发潜能的过程中，真正的满足油然而生，你甚至能创造奇迹）在支撑着它。

说到你在自己身体健康方面的愿景，你打算挖掘自己身体上真正的潜力吗，还是说就虚度光阴呢？在爱情关系方面，你的愿景合理吗，还是你的标准比应有的低了呢？性格方面，你有没有全力以赴地让自己成为想成为的你呢？在事业和财务方面，你认为自己要求的足够多吗？当你开始创建理想人生愿景时，这是你首先要去探索的事情，因为你不希望把时间浪费在一个即便是实现了也不会有成就感的愿景上。

那么，你的人生愿景足够大吗？是否有让你激动兴奋的挑战感？当你回看自己的愿景时，你认为自己要得足够多吗，还是你对自我投资的回报要得太少了？

第二个问题则是硬币的另一面：**"我的生活愿景可以实现吗？或者说我为自己要得是不是太多了？"**

请让我先问你几个问题：你认为对你来说，是不是每件事都是可以做到的？我是说，每件事。你是否相信自己可以做成这一生想做的每件事？或者可以拥有自己这一生想要的每样成果？你是否相信你能够实现无限的可能性？

答案当然是否定的。你当然无法做到，这答案太简单、太明显了。但我们很多人都已经被洗脑了，认为自己无所不能。你无法成为一只大象，不可能拥有长城，不可能提举500公斤重的杠铃。当然我知道这些例子太蠢了，但是我列举出来是为了提出另一个严肃的命题：你的潜力是有界限的。如果你真的想要创造出最好的愿景生活，那么**"潜力有限原则"**（一个物体有界限，一个人也有局限，你也有真实具体的个人界限，你的潜力是有边界的）就真的很重要了。

当然，我们都想成功、想赢。为了这个目的，我们树立的愿景得有一定的理性概率可以实现。在这个充满不确定和无法掌控的世界中，不断去投入成功率较大的事情，避免小概率事件带给我们打击，乃是明智之举。

所以，当你回看自己的愿景时，它是可以实现的吗？诚实面对自己。这个愿景有一定的合理概率实现吗？还是你要的太多了？

概率，在有趣的游戏里是不可或缺的部分。因为概率意味着不确定性，而不确定又意味着惊喜——人类愉悦感的重要来源，乐趣的秘密"原料"。优秀的游戏设计师一定要对概率有敏感的直觉，又牢固掌握着概率原理，还能按意志塑造概率，这样创造出来的体验才会充满挑战性和惊喜。

在你决定自己想要哪种生活的时候，请记住一个原则，即生活中的每一件事都是要付出代价的。有一句古老的西班牙谚语："上帝对人们说：'想要什么就拿什么吧，同时请支付就可以了。'"这句话告诉我们一个重要的生活原则：**"代价原则"**（你定的每一个目标都需要付出代价。你一定要愿意付出这个代价，否则那就不是一个真正的目标，只是个梦想、愿望罢了）。

它也引出了我们的第三个问题：**"当你看着自己的愿景时，你愿意为之付出代价吗？"**

不锻炼就不会有好的身材，不学习就不可能知识渊博，不钟情就不会有美满的婚姻，不能为孩子做一个好榜样就不是称职的家长。这些都无法进行自我欺骗，也没有捷径可走。实现人生理想是一个循序渐进的过程，这就是要为每一个目标付出代价的过程。

所以要明白，如果你想树立一个伟大的人生愿景，如果你想定下很大的目标，那非常好。大目标可以鼓舞你，让你有能量一大早就卷起袖子开始工作。大目标推动着你，让你全力以赴、竭尽所能。但是请记住,人生的每一件事都是平衡的。如果你的人生愿景很大,那么你可能会非常忙。通常,目标越大,你需要为之付出的努力就越大,所以不要期待自己同时还有很多休闲时光。你已经选择了要逼自己一把,那是你自己的决定。只要确定这是你想要的生活,那一切都没什么。

当然如果你决定设定一个较低的标准,也没有问题。那么你的压力会更小,可能拥有更多的空闲时间,你的生活可能更简单、更休闲些。但是请记住,人生的每一件事都有两面,你的清闲可能会导致其他方面更难些。比如,你也许不会太富有;也许不能跳上飞机,去欧洲来一趟说走就走的旅行;也许无法体会别人完成大事之后的那种自豪感。但是这一点问题都没有,想过平静放松的人生也没有任何问题,只要这符合你的价值观,只要你是有意的选择就可以。

我当然不提倡总把自己推到极限,人不能时时刻刻都把自己的潜能最大化。只能说,如果你的人生理想是多一些经历,少一些工作,也不介意少赚些钱,那么这条轻松平静的路就适合你;但如果你的理想人生是要经营体量较大的生意,并得到与之相关的一切,那么那条繁忙的路也适合你。我们的目的是要让你的人生尽可能达到最好。这里说的最好,就是最合适你的评判标准。不是别人的,不是父母的,不是老师的,也不是教练的,是最适合你的。最好不一定意味着最富有，不一定意味着身材最标准，或者工作最努力。最好意味着综合考量后的、对你而言的最好。

这是你的人生，只有你能决定自己想要的生活。你一旦做出决定，你的首要责任就是弄清楚要为之付出什么代价。

古希腊哲学家亚里士多德曾说："幸福是人生的意义与目的，是人类存在的整个目标和结局。"先哲的这句箴言传递出一个重要的生活原则：**"享受原则"**（人们最终都希望幸福快乐，他们想要的其他一切，也都是通往那个终点的途径；即使当下你推迟了幸福快乐，也是因为你希望将来更幸福）。

在这个原则的指导下，我们提出第四个问题：**"当你实现自己的愿景时，你会对实现的过程感到开心吗？"**

你应该享受的不仅仅是拥有人生愿景，还有创造的过程。人生重要的不仅是终点，过程也同等的重要，因为你在过程中花费的时间要远多于你在终点的时间。所以总的来说，生活是否幸福快乐，过程至少与结果同等重要。你的理想人生一定包括陪孩子玩耍的时间、与爱人共进晚餐的悠闲时光、亲近自然享受生活的时间。实现梦想应该是快乐的，是我们生活中最让人愉快的事情之一：保持身材应该是件快乐的事情；赚钱应该是件令人愉快的事情；建立一份美好浪漫的爱情关系是件令人喜欢的事情。如果你并不享受这个过程，或者无法享受创造生活的丰盛，那么你就没有抓住要领：你需要慢下来，冷静下来，享受这个过程。花些时间去看看日出，闻闻花香；与你遇到的人微笑相迎；偶尔看看繁星，感受自己的人生。

第五个问题，也是最后一个问题：**"当实现了这个愿景后，你还能开启下一个以此为起点或以此为辅助条件的新愿景吗？"**

这与电子游戏中的任务循环类似。通常在电子游戏中，完成每个任务后，会开启新的内容作为奖励的形式。这不仅推进了游戏的故事情节，而且为玩家将游戏进程继续执行下去提供了动力。这样的思维其实是让你在当下的愿景里做选择时，更看重长远效用，也更具战略思考。保证自己不会因为当前愿景已实现，就丧失了方向性，相反，你可以百尺竿头，更进一步。

如果可以把当前的愿景变成下个愿景前的阶段性目标，那么人生就被玩成了无限游戏。而唯一能保证准时抵达的策略是提前抵达；让客户满意的最好策略是超越客户的预期；爬上下个山坡的愿力让我们不知不觉地越过了当前这个山坡。这就是**"超越原则"**（为了实现某个愿景，最好心怀高于那个愿景的愿景）。

以上五个神奇的问题能帮你进化出心流的愿景。关于你真心向往而且能过上的生活，问问自己：我为自己要得足够多吗？我要得是不是太多了？我愿意为之付出代价吗？实现了愿景和实现的过程都让我开心吗？当这个愿景实现之后，下一个以此为基石的愿景是什么？这是只有你才能回答的问题。

至此，通过对除"未来"外的所有十二个价值面，提出这五个强有力的问题：我相信什么？我想要什么？为什么我想要它？需要怎么做才能得到它？如何才能进入心流的状态？你就已经撰写完了自己的人生游戏脚本。

细心的玩家可能会问："那'未来'你就不管了吗？"回答是：未来的你来自所有十二个价值面愿景的集合。

聪明的你，可能已经意识到，随着这个流程，不知不觉中你已经成为"高维"生命了。你绝非常人。

而在玩到"未来"之前，我们还有很长的路要走。因此，在完成脚本后，下一步就可以设置一些关卡，让生活更像游戏！

设置关卡：找到自己的目标

热力学第二定律（又称熵[1]增原理）告诉我们，周围所有的事物，时时刻刻都在瓦解。

思绪不整理就会混乱；共享单车没人照看就会变成"僵尸车"；没兴趣，心绪就会分散；脑中没有搭建人生的知识架构，就会随机堆满碎片化的知识。

自然把我们带向解体、无序、空无，因为宇宙在不断膨胀，走向空寂。你想想，在上一章节，你刚刚把生活的各个方面都想得很清楚、很明白。但由于熵增原理，从你的脚本完成那一刻开始，一切又都开始走向混乱。你带着为自己创造的美好人生愿景，又回到了疯狂、混乱、躁动的世界里。生活中那么多的索

---

[1] 熵就是混乱、无组织、分散、混沌的一种表达方式。

求，那么多的压力，都一股脑地向你涌来。一天有好几十件事令你分心，事情很容易就变得没有秩序、一团糟了。而之前所有你付出的，让事情变得井井有条的努力都白费了。

你应该知道我在说什么。这也是个人成长课程下课后不久就没有效果的原因。因为那些培训、演讲都不能阻止熵增的过程，除非一直有持续不断的正能量注入我们的系统。至少在太阳系——我们居住的地方——是这样的。

根据热力学第二定律，在一个封闭的系统中，唯一能抵抗熵增的方法，就是持续不断地投入正能量，这就是"熵减法则"（为了让你的系统一直井井有条，你就需要不断地注入能量）。

那如何持续不断地注入正能量以确保我们的愿景不会土崩瓦解呢？秘密就在于"游戏循环"。它是指一个由玩家驱动的，能让这个玩家感觉到有趣并愿意不断重复的行为。这里面的设计核心是想办法让这些重复的过程始终有趣、吸引人并且有回报。而这个过程中你需要做的就是致力于持续不断地实现那些好的、重大的、重要的事物。而这些事物是指每周、每月、每季度、每年在你生活中发生的所有事情。

如果你能一直做到这样，保持好的心情，持续不断地成长，通过结构化的游戏循环，给你的目标注入源源不断的正能量，那熵增根本不可能打倒你。

好了，下面让我们沿着"时空隧道"去设置阶段性目标作为实现愿景的关卡，同时构建结构化循环不断注入正能量。

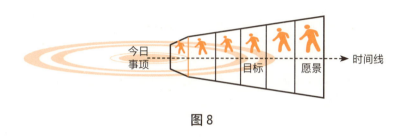

今日事项　　目标　　愿景　　→ 时间线

图8

请先看图 8 中时空隧道的样子：远宽近窄。

远处的"愿景"代表未来；近处的"事项"代表现在。愿景实现的过程就是个从未来走向现在、再从现在走向未来的过程。现在想想隧道的右侧，那个最宽的部分，应该就是你在某个价值面中想要创造的东西。它是一幅非常巨大的蓝图，所以是隧道最宽的部分。那么我们接下来就要不断地把它缩小，变得越来越紧凑，越来越容易被理解，越来越容易去实现。

你会从分辨愿景中最重要的目标来开始这个专注的过程，我们把这个目标叫作"基础目标"，一些大基石，是你要完成的最主要的事。为了完成生活在理想生活中的愿望，众多目标里至少有一部分可能会成为长期的目标。因为想活得有意义的话，很多事情都难以在一年以内完成。

然后我们再进一步聚焦，看看这些基础目标，你需要决定哪些是要在下一个年头完成的，然后把它们设置为"年度目标"。许多人会把年度目标当作一种"军令状"或"决心书"，但是我们只是看看短短12个月内你打算完成些什么而已。

然后我们再进一步。看着你的"年目标"，问问自己：我可以在这一季度完成什么目标？我可以在这一个月内完成什么目标？这周呢？最终问问自己，今天我要做什么才能让自己更进一步接近理想生活？你的每一天都要围绕着你这周要实现的目标；你的每一周都聚焦于你这个月要实现的目标；你每个月都聚焦在你这一季度所要实现的目标；而你这一季度，也都是聚焦于你这一年所要实现的目标；而你每一年聚焦于你要实现的基础目标；而这些基础目标就来自那复杂而庞大的生活愿景。所有的事情都是有联系的，每件小事串联起来就可以描述出那个大而综合的生活愿景，也就是隧道右边那个最大最宽的部分。就这样一路下来，直到弄明白你下个小时要做什么。

如果生活中最"大"的设计，与你当下的行动之间有着有意识的链接，那么你会很自信地认为，你每天正在做的事就是最重要的事。你的行为不再与你的愿景分离，你的行为也会让你得到每一天想得到的东西。

那如何确保我们确定的目标是最好的？我们现在来一个快速探索，了解有关目标设立的一些技巧。我们的目的是简单且可操控。目标设立应该是件有趣且容易的事情。

现在，如果你是第一次听到这些，那么接下来你即将听到的信息绝对是至关重要的。而如果你已经很擅长于此，这也是一次不错的温习。目标设立的流程主要专注于如下三个简单的标准：

1.设立重要的目标。

2.设立能推动你前行的目标。

3.设立明智（SMARTE）的目标。

第一个标准是设立重要的目标。在我看来，这是目标设立中最重要的原则。要尽可能地选择能给我们的生活带来巨大变化的目标，尽最大可能地满足你在这个价值面中核心价值点的目标。也就是我们得在让我们变得不一样的事情上下功夫。

成功人士和其他人的区别，就在于他们选择追求的目标不同。人们有各自的天资、智力和能力，之所以获得的成就差异巨大，是因为他们选择和追求了不同的目标，所以我们在选择目标时一定要辨别清楚。能分辨生活中自己拥有的能带来最高价值点的天赋是关键所在。学会识别对生活真正有用的目标，将会带给你积极的改变。

我们依此总结出了**"杠杆点原则"**（为了设定有效的目标，

识别生活中杠杆点的能力是关键所在。杠杆点的意思是在某个地方施加一个小的变化，就能导致系统行为发生显著的转变。这个概念类似电脑游戏中的"命门""魔法口诀"）。

第二个标准是设立能够推动你前进的目标。目标设立需要大师级技巧，但是光凭目标设立本身并不能保证成功。离了行动，世界上所有的计划都不会把你带到任何地方。所以，这里有一点小建议：如果你有个想要推迟的目标，如果你一直在犹豫要不要做，如果你一直在等待正确的时间，在计划怎么做……在未来的某一天，也许你会放弃这个目标。这或许并不是个好的目标。如果它是个好目标，你早就开始行动了，不会在这里等待，任何事情都无法阻止你。

面对一个糟糕的目标，你可能会说，我都不知道究竟要怎么开始，可能总有一天会行动的，再等等吧。但一个好的目标会让你立刻展开行动。你会说，我还不知道怎样开始好，不过就先行动着吧，我现在就要展开行动了。我昨晚就为它工作到很晚，今天早起又做了些。

除非这个目标能推动你，甚至改变你的习惯，让你立刻采取行动，否则它可能就不是个好目标。因为好的目标能够推着你行动。

我们依此提炼出："**目标激活原则**"（你的目标是行动的点

火器。当你设立一个目标时，就在要求自己往一个特定的方向前进。如果你的目标不能激励你前进、行动，那就不是个好的目标）。

第三个标准是设立明智（SMARTE）的目标。在我们选择了一个有意义，并且能够推动自己行动的目标之后，我们要把它变成一个明智的目标，因为这样才会有更多成功的可能性。

SMARTE（明智）是一个缩略词，它代表着Specific（具体的）、Measurable（可测量的）、Attainable（可实现的）、Rewarding（有回报的）、Time-Bound（有时效性的）和Environment Friendly（环境支持的）。

让我们分别来看看这些属性吧。具体的，代表你的目标应该如水晶般透明，非常明确，没有任何模糊的地方；可测量的，表示你的目标必须是可量化、可测量的，这保证了你可获得即时的反馈，也是进入心流状态的重要条件；可实现的，这是很重要的一点，不要让自己注定失败，你可以前进一大步，并设立一些远大目标，不过请确保它有一定合理的概率去实现；有回报的，这些目标应该有很大的回报，回报也得是你目标的一部分，强烈的目的性会帮助你朝着目标前进；有时效性的，你的目标必须有一个完成期限，你必须知道什么时候它需要被实现，否则这就不是一个真正的目标；你的目标如果是可以得到环境支持的，那么就更容易得到周围人的支持，那它就更容易获得成功，更容易吸引资源来支持你的目标达成。

下面我们带你沿着时间线，穿越时空隧道，从未来走向现在，一路设定阶段性目标，为下一步的通关做好准备。

1. 设定"基础目标"

首先，朗读你心流的愿景，让自己真正沉浸其中。这是你的终点，你的目的地，你要问问自己，为了活出我想要的生活，哪些目标是我必须完成的？这个或这些目标能推动你向自己理想的生活前进；这个或这些目标的实现，就基本能代表我的愿景生活的实现。记住：**基础目标的总数量不要超过五个**，第一次练习，最好只设立一两个。因为你的时间、精力和意志力是有限的。现在有两大灵感源泉来帮你：第一，请回看每个愿景的策略部分，那个需要你确定去做些什么来实现愿景的那个部分。其中可能就已经包含了你的基础目标。你只需要看看它们，并找到那个最高杠杆点，也就是你的最大动作。第二，为得到你想要的生活，你愿意付出什么代价？你确定了实现理想生活的成本是什么吗？那里可能也包含了一些基础目标。在选择你的基础目标时，如果可能，记得尽可能地、有意识地平衡你的个人生活和你的经济生活，以确保这两个方面都被照顾到了。

如果你想设定有意义的目标，要确保那个基础目标能打动你，还要确保目标是明智的。

我的基础目标可能是这样的：

（1）品味生活：三年内买个100平方米的商品房，地点在市中心附近。

（2）爱与被爱：29岁前我要找到我心爱的白马王子。

（3）为人父母：33岁前，我要有个孩子。

（4）事业：38岁前，我要开始创业，拥有自己的公司。

（5）财务：50岁前我要实现财务自由，非工作收入达到年收入24万元。

（6）心灵：两年内找到我存在的本质意义是什么？我的人生使命是什么？

（7）身体：到明年1月1日我要减掉10斤。

2.设定你的"年目标"

看看你的生活愿景，走进它，让它包围你，感受一切你能感觉到的。这就是那个最终的目的地，你最终要去的地方。再看看你那些基础目标，那些为了实现生活愿景你必须先行达成的目标，它们就像玻璃瓶里的高尔夫球一样。

之后，扪心自问：有哪个或哪几个目标（不要超过五个），我必须在接下来一年内完成。再说一下，不管现在是第几个月，问题的重点是哪个或哪几个目标能推动我在接下来的12个月里正确走向我心流的生活愿景。跟往常一样，当你问自己这些问题的时候，之前读到的东西都可以学以致用。

要找好个人生活与经济生活的平衡点，确保你的目标是有意义的、感人的、明智的，甚至是生态友好的目标。

3. 设定"季目标"

一旦你定义好了年度目标，就可以进一步缩小注意力。看着你的年度目标，问问自己，哪几个目标是你愿意在接下来的3个月里去实现的。不用管现在是否正在开始第一季度，最重要的是你想在接下来的90天里实现什么。看着这些年度目标，然后说，我要在这个季度里把这个目标勾掉，或者是实现那个目标的一部分。

在接下来的90天里，最高杠杆点在哪里？哪几个目标必须完成？

4. 设定你的"月目标"

一旦你弄明白了季目标，就继续把专注的范围进一步缩小。你需要看着这些季目标，然后问自己，在这些季目标中，我这个月需要完成哪些，弄清楚在接下来的30天里你想实现什么？然后就是重复做上面做过的事，所有学到的技术都可以再次应用。来吧，设定你的月目标吧。

5.设定"周目标"

在每周开始前，留出一小时来回顾你的目标，回顾你的生活愿景。幻想着自己已进入想要的生活，提醒自己。看看你的月计划，再沿着时空隧道往回走到周计划，问问自己，这一周里最首要的事情是什么，什么是最高杠杆点？什么是我这星期真正重要的任务？简单地列出你会花心思的、必须完成的重要事项，并将这些事情的优先级列在最前面。你可以给每个任务安排具体的时间，也可以暂时不安排特定的时间。

设定一周计划是让你每天可控的最好方式之一，因为你很难在一天内就得到你所在意的一切，并照顾到你在意的所有价值面，还把你认为的重要事项都做了。但在一周的时间里却有可能做到。为新的一周做计划就像是有七个礼物等着你，同时你自己可以选择并包装它们。接下来的七天对你而言会是什么样的？在本周结束时，我想做完哪些事？我想怎样推进我的生活？坐下来计划你的一周事项，会让你感到踏实安心，因为你会对接下来的一周有所预见。

这是个简单的、结构化的重复的过程，但它将成为你新生活方式中非常重要的一部分。在你每周开始前投入一小时，回顾你的生活愿景基于你真正想过的生活，想象你真正想成为的那个人和想过的生活，让自己有意识地掌控每一天。你这周可能有十几件事情要做，但不管是什么事情，你要确保这些事情都能被完成。

我们的任务是，帮你构建有意识地做事的惯性，形成一种结构化的周期。让你在每周开始前都思考同一件事，确保你能够掌控每一天。这样，你就会逐渐参与到最重要的事情里去，把那个惯性变成你生活方式的一部分。你的每周都会像展现在你面前的一幅空白画卷，接下来的七天完全是空白的，在等待你的选择。

你的选择会创造你的生活，所以，你会选择什么？这周，你会努力按你真正想要生活的那样去生活吗？你的生活愿景会蕴藏在你的日常选择和行为中吗？你的目标会体现在你的行为中吗？看着你的月目标，沿着时空隧道走回到周，问问自己："这周我的最高杠杆点是哪里？我需要完成的真正重要的任务是什么？我怎样能又快又好地完成它？"

如果你的周目标比较多，或者为完成一个周目标，你需要做的事项比较多，那么大脑不一定能帮你厘清它们，更别说排序决定今天该做什么事。这时我建议你们使用一个很好的工具——思维导图。

这是一种启发我们抛弃传统线性思维模式，改用发散性联想思维思考问题的工具，可以帮助我们做出选择。我另将其命名为"拼图法"，可以分三步走：

1.用一系列名词拼成周目标

也就是在"思维导图"里将与实现周目标相关联的事物用一系列名词表示。例如我的周目标是带儿子看电影，那么引起的联想就是：电影票、日期、电影名。

2.动作化

也就是对前面写出的名词进行动作化。例如把"电影票"动作化为"购买电影票"；把"日期"动作化为"敲定观影日期"；把"电影名"动作化为"选择影片"。

3.排序

将前两步骤中的所有行动事项进行排序。问问自己："我今天想采取什么行动？什么是我今天最高的杠杆点？什么是今天真正重要的事情？"然后将其"分配"到后续几天去完成。按前面的这个例子，这个序列可能就是今天——"选择影片"，明天——"敲定观影日期"，并"购买电影票"。

在设置完游戏关卡之后，我们便自然地进入此话题：如何通过设置好的每日目标来活好这一生呢？答案便在下章揭晓。

第三章

用『玩』规划人生：活在当下

CHAPTER 03

『人在游戏时，才完全是人。』

——席勒

德国著名诗人、哲学家、历史学家和剧作家

你生命中的每一天都是礼物，你可以按自己的意愿任意使用它，选择浪费它或者好好利用它。但是，你所做的选择非常重要，因为你用了一天的时间与之交换。当明天来临时，今天将永逝，取而代之的是你用了一天的时间所交换的事情。你肯定想让交易最终有所收获，想让明天离你的生活愿景更近。那么，如何确保今天的选择可以让你更接近你的生活愿景呢？作为自己人生游戏的设计师，你会采用与计划一周同样的方式：每天早上花十五分钟，可以就在你清晨刚醒来的时候，将自己扎根在你的生活愿景中，花几分钟时间，想象你真正想成为的那个人和你想过的生活，让自己有意识地掌控每一天。

经营今日：活在当下的四大考量

一生是由每一天累积成的，经营好了每一天，就能经营好一辈子。那如何经营好每一天呢？主要从四个方面来考虑：

1.内容

你做什么事，就可能会成为什么样的人。从上文中，我们已经得知要做的重要事项，它们与你的美好未来相链接（当然如果你还有计划外的重要事项也可加入进来）。但如果你觉得一天亲自做的要事太多了，也许可以分包些给别人或推迟些不太紧急的事项；如果你觉得闲得发慌，那也许你想增加一个愿景或价值面，或者把一些不太紧急的待办事项给先行做了。无论你怎么调整，你的目的只有一个，那就是努力让自己活在心流的状态。

2.时间

根据人一天的活动内容，我们将一天中的时间分为如下六类：

（1）保养时间：鉴于身体是我们拥有的最精密的装备，我们必须做好保养和维护工作，例如睡眠、一日三餐/营养膳食、午休、冥想、运动等，也包括规律作息、早起早睡。如果你记录下每天花了多少时间在保养身体上，会惊讶地发现这至少占了我们十二小时，也就是一半。我们的一生中一半的时间都在维护身体。不过，比起一生都在维护自己的物理存在的动物，我们还是比较庆幸的。

（2）任务时间：某些事项是必须在某个特定的时间段内完成的，如学习、上班、约会、面试、考试等，这些时间段被称为任务时间。如果这个任务比较重大，建议将其分配在若干个时间段分别完成，每个时间段的间隙时间用来休息。可以毫不夸张地说，你一生的核心成就主要来自这类时间的贡献。在这些任务中的高效专注将你带入心流状态，体会到人生游戏带来的幸福感。

（3）灵活时间：这类时间主要用来处理生活中那些计划内的、不太紧急的事项，无固定起止时间点。例如，看应聘者简历，与员工谈话。

（4）空白时间：用于应对计划外的突发事项。例如太太想让你帮她取个包裹，没有空白时间就做不了。所以我们在做日程安排时，也不能排太满，才能活得比较从容不迫。

（5）反思时间：它主要用来忖度回想之前哪里做得不好？需要做出调整吗？该怎么做？做后会出现什么好的结果呢？反思可以帮我们调整计划或改进方法，然后迈向目标。如果说大家在人生游戏中面对的挑战有许多共通之处，那么玩得好的一定是那些善于反思的玩家。有了反思的习惯，你将永远不会感到无聊，因为反思其实就是在内在世界玩游戏，还是个让你感觉更好的游戏。在反思的过程中，我们正向强化做得到的，记录没做到的，改进没做好的。在反思的帮助下，我们突然悟道、得智慧，甚至提出自己的玩赢之道。

（6）休闲时间：用于轻松身心、享受娱乐、放松心情的时间。例如在晚上与人聊天、八卦，看些新闻或小视频，缓解一天的疲劳，同时跳出自己思维的空间，接受外部游戏世界的按摩，避免只禁锢在自己的世界里。

3.精力

精力就是身体的能量，精力投到哪里，哪里就高效。以高能量面对和投入一件重要而比较难的事项，你就可能把它做好，也更容易进入心流的状态；反之，如果以低能量来应对，你可能不但没把事情做好，还容易陷入焦虑或沮丧中。一般说来，我们一天的精力是从早到晚呈现递减规律的。如果你能午休会儿，精力就能得到补充。一般说来，早晨起床后的1~2小时，与午休后的1~2小时，是一个人一天中精力最好的时段，这总共的2~4小时就是你人生的杠杆点时间。这也涉及我想在此介绍的**"精先核仁原则"**（把高精力和固定时段优先给到重要和/或有难度的事项）。

那如何让自己的一天满血复活、精力充沛呢？有以下妙招供你借鉴：

（1）养成早起早睡好习惯，规律作息找节奏，保证上午好精力，中午来个小午休，见缝插针去休息，每天睡够7个半小时，精力充沛有活力。

（2）适当运动很重要，持续运动是关键，间歇锻炼很必要，每周运动三四次，科学慢跑会使心情愉悦，锻炼耐力和身体。

（3）饮食平衡，每周一次轻断食，低糖少油健康吃，神清气爽。

（4）减少晚上的社交，睡前冥想助睡眠，正念冥想随处做，放松减压变自信，提升能量恢复快。

想要高能地完成要事，精力管理是基石。除了睡好、吃好和运动，这里还有一些"小确幸"能快速补充精力，也值得参考：五分钟小睡、咖啡、茶饮、音乐、精油、淋浴、泡脚、散步等。

4.方式

哪些事可以不做？哪些事需要亲自做？哪些事可以通过外包来搞定？哪些事你选择与他人协作？生活的智慧很大一部分体现在这种安排上。这里有两个极端：一个极端是什么事都尽可能地亲力亲为，生活忙碌但也充实，但总体质量却不高，有点儿像蚂蚁；另一个极端是像树懒，不太做事，很清闲，但也浪费了大好光阴，生命的密度不高，总体质量也不高。智者的选择是有所为有所不为。例如我太太选择将炒菜、扫地、洗碗、洗衣服等家务活分别外包给炒菜机、扫地机器人、洗碗机、洗衣机，这样她就可以把时间用于育儿、瑜伽、看书、冥想等她享受的事情上。

该做什么：构建决策坐标系

　　面对众多的"想做"事项，你需要行使你的选择权，哪些你需要亲自做？哪些可以外包？这便需要**"圆满度思维"**（我们亲自做高"圆满"的事项；尽可能多地外包低"圆满"的事项）。

　　回顾一下，"圆满"是指一个人活出了自己看重的价值点，自己的天赋、能力和热爱。这里天赋代表你做某事的能力，后天习得的能力，我们称其为第二天赋，也包含其中。做事的决策过程可以参考流程图图9。在这里，我们尝试用1、2、3表示你的满意程度，3表示最满意，1表示最不满意。当打分为1时，可以进入否的状态，A、B代表两个决定要做的事，也就是潜在外包的对象。

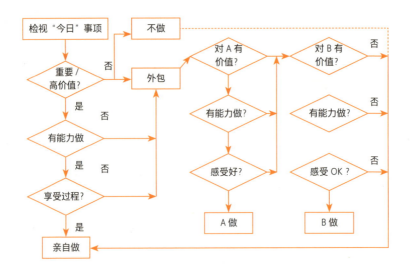

图 9

　　我们的人生由每一天组成，每一天又由众多今日事项组成，所以我们人生满意度的组成元素，是无数个从今日事项获得的"圆满度"。如果你能很好地使用这个原则，那么一天很可能是这样度过的：在精力和时间允许的情况下，做几件高圆满度的事项，剩下的事都外包给其他人做。且最好的状态是，承接外包事项的人认为那些事对他而言也是高圆满度的。这就是理想的分工协作状态，人人做事时都处于心流的状态。活在当下，少就是多，慢就是快，每个人都走向了圆满的生活。这是一个最最理想的状态，或者说是我们为之奋斗的状态。

但作为硬币的另一面，"圆满度思维"容易让我们陷入舒适区而不敢面对挑战。在很多情况下，我们不得不亲自做"圆满度"不高的事项，例如当你感到自己能力不够，或对陌生事项感到畏惧时，就需要安装**"成长型思维"**（所有的技能和智能都可以通过后天的训练、努力得到）。

这个思维由斯坦福大学的卡罗尔·德韦克博士提出。无独有偶，NLP创始人通过研究和总结卓越人士做事的过程和方法，来教授他人模仿卓越者，从而获得相应的技能和智能。安装了"成长型思维"之后，玩家的思维更具弹性和复原能力，敢于面对挑战，这就提高了大脑的可塑性。也就是说，我们可以通过后天的学习，突破自我。

在实境游戏中，"圆满度思维"和"成长型思维"都是必需的。前者帮我们活得轻松自在，犹如在电子游戏中轻松得分、灭掉小兵的时刻，让我们感到春风得意、俊逸飘洒；后者给我们带来韧劲，更关注过程，犹如电子游戏中与怪物激战，屡败屡战，最后通关。这也再次彰显了大自然在设计人生游戏时非常有匠心。在你身上预设"内在三宝"的同时，还给你设计了用不上宝贝的场景，需要你完成一些游戏"副本"，修炼出相应的技能，才能通关。随着你的成长，可以同时应对圆满之事及挑战自我之事，而这两者相辅相成，缺一不可。于是，在人生游戏中，一切是那么公平、完美。

在此，我要提出一些新的概念。如果我们同时拥抱"圆满度思维"和"成长型思维"，那我们便得到了一个新的生活指导原则——**"左右手原则"**（如果你是右撇子，那是因为有左手的存在；长期只用其中的一只手，而不用另一只手，难成人生游戏赢家）。

"左右手原则"是我超级喜欢的原则，它改变了我之前在大脑中存在的"矛盾"观、"斗争"观和"对立"观。俗话一说一个好汉三个帮，可俗话二又说靠人不如靠己！你是怎么看这两句俗话的？

类似的例子还有：

"男子汉大丈夫，宁死不屈"＋"男子汉大丈夫，能屈能伸！"

"人不犯我，我不犯人"＋"先下手为强，后下手遭殃！"

"礼轻情谊重"＋"礼多人不怪！"

"人定胜天"＋"天意难违！"

"宰相肚里能乘船"＋"有仇不报非君子！"

"有缘千里来相会"＋"不是冤家不聚头"

"日久见人心"＋"人心隔肚皮"

"能饶人处且饶人"＋"纵虎归山，后患无穷！"

……

　　大多数时候，人都习惯于选择其一作为自己决策时的指导思想，殊不知这就带来了策略的单一和行为的僵化。其实，选择其一作为右手，另一作为左手，显然是最明智的。当然，最好能同时用上两只手，就像我们玩手机时，一手拿住手机另一只手在屏幕上点击。

　　人体的器官往往是对称存在的，既然有左右手原则，那就有**"左右眼原则"**（左眼与右眼是同时存在的，就像纠缠的两个量子。由它们观察产生的世界往往也是对称存在的）。

　　你看到事物对称的部分了吗？这个原则告诉我们：很多事物都是对称存在的，而不是对立或独立存在的，例如鬼怪与英雄、红花与绿叶、阴与阳、东与西、南与北、左右腿、左右耳、左右脑、沸点与痛点、零点与盲点、痒点与涩点等。我们在考虑一方时，最好把另一方也考虑进去，它们天生就是同时出现、同时存在的，只有通过对方才能定义自己。

　　如果你取走了其中任何一个，另一个也失去了自己的意义。在我看来，"心"与"物"也是同在的。用"左右眼原则"看到事物的对称存在，我们才能更好地使用"左右手原则"来行动。在"左右眼原则"基础上，相信聪明的你一定能提出如何高效朝目标挺进的"左右脚"原则；如何更全面了解其他玩家意见的"左右耳"原则等。这些内容看似与决策无关，但它们都可以带给你更全面的视角。

话说回来，当我们用"内在三宝"作为三个彼此垂直的坐标轴时，就得到了图10的四个空间。如果把每天需要亲自做的事项都"扔"到这四个空间里，那么对每件事项采取的策略也就变得很明显。遵循这些策略，我们就可以享受当下的快乐和光明的未来：

1.第一空间：享受做，应用了圆满度思维。

2.第二空间：学着做，应用了成长型思维。

3.第三空间：外包或协作，体现了其他玩家存在的价值。

4.第四空间：游戏化后再做，应用了游戏思维。

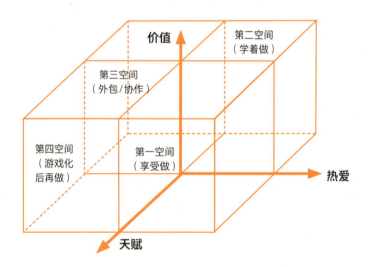

图10

活好今天：做对每个 "小" 决定

或许前面的诸多分析让你感觉有点儿晕眩，如何活好今天，概括起来只须回答四个问题：做什么？何时做？以什么方式做？有足够的精力做吗？以一句话来概括就是：在什么时间，付出多少精力，用什么方式，按什么顺序来做什么事情。

再次强调一些原则：

1.精先核仁

为保证重要的事情（如目标事项）得到最优的结果，我们应当尽可能安排精力旺盛的固定时段，积极调用我们的内部资源（如天赋、热爱、游戏化、学习力等），甚至通过与其他玩家协作引入外部资源，将要事（高价值）做到极致。

2.外包低圆满度事项

需要提及的一点是，千万不要什么事都自己做，这将会极大地降低你的生活水平，将你带入充满焦虑的生活中。尽可能地只亲自做高圆满度的事项，外包低圆满度的事项。既然没有人能专业地做每件事，就让专业的人去做专业的事吧。无论是一个公司还是一个家庭，都是一整个团队，大家发挥彼此的特质，互相帮衬，才能共同活得好。

精彩的一生可以从精彩的一天中体现出来：一天中，你可以体会到愉悦感，它以秒或分为单位，如做小确幸之事；你可以进入心流，它以分或时为单位，如做最重要的事；你可以获得成就感，它来自完成以每天或每周、月、季等为单位的目标或者某些"惊喜"；完成愿景则带来英雄感；多维度的体验则来自关注不同的价值面。

在工作日、周末、节假日或长假，这五种体验的分布有些不同。为了让我的每天都更像是在玩一场游戏，我努力让它遵循兴趣曲线❶（图11）：上午以饱满的精神和清醒的头脑完成高价值的"核仁"事项，尽可能地安排高圆满度的事项，让自己进入心流

---

❶ 在看一部电影时，你通常能体验到兴奋点在整部电影中的布局。按时间和强度画出的曲线就是兴趣曲线。

的状态；其间用"小确幸"来补充能量、提高兴趣；下午努力用成果、仪式感或惊喜❶给自己创造一天的峰值体验；晚上以一件体验感好的事项作为一天的结尾，例如在睡前看看娱乐的小视频或新闻，让自己幸福地结束一天的旅程。

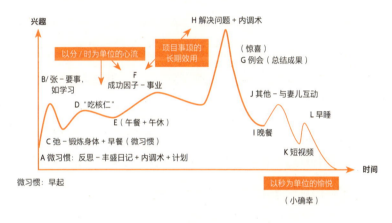

图11

　　波动的兴趣曲线既带来符合预期的满足感，也带来"意料之外"的快感，这种体会你在电脑游戏中一定曾获得过。例如，你的角色是位大侠，初始时，你的武器要砍四次才能消灭敌人。而

---

❶ 惊喜：主观认定成功概率不高，低成本，却收获高成果或有意义的事项。例如双喜临门、不期而遇、失而复得、转危为安、虚惊一场、如约而至等。

随着游戏的推进，你努力迎战更多敌人、更大挑战。当你打败足够多的敌人后，游戏系统就奖励你一把新装备，如青龙偃月刀，你只砍两下就可以消灭一个敌人，你顿时感觉超爽，游戏变简单了，意气风发了一阵子；不过这种状态不会持续很久，很快，需要砍三四刀的敌人就又出现了，再次把挑战升到了新高度。

最后我们将周和日链接起来，在一周中的每一天开始前，都花几分钟时间想下你的生活愿景，花几分钟想下你想成为的人的样子，并在脑海里想象自己已进入理想生活。提醒自己，你的一天由你支配。是你拥有它，不是别人，你是那个决定一天的人。看看你的周计划，并问问自己："我今天想做什么？哪里是我今天的最高杠杆点？什么是我必须亲自参与的真正重要的任务？"然后把你的目标或计划从下周放到今天：

1.我今天要完成30分钟慢跑。

2.我今天要开始制订那个重要的旅行计划。

3.我今晚要给我的孩子读半小时的书。

4.我今天要为周三晚上的约会预订我最喜欢的那家餐馆。

5.我今天要面试两个理财员，这样本周末前就可以雇用到一个。

把这些列在今日事项最前头。你一天可能有很多事情要做，但是不管怎样，不管你想完成哪些事，都要确保重要的事情被重点对待。一旦确定了什么是真正重要的，你就可以集中能量投入其中，看看最终能完成多少。如果你想专注高效地完成它，试着借用倒计时工具，设定25分钟专心做事，然后休息5分钟，然后再工作25分钟，接着再休息5分钟。我把这种结构化重复的工作方法称为"吃核仁"法。"核仁"代表需要我们付出一定努力及头脑的事项。有段时间，我每天早上起床后都会吃几个核桃补脑。核桃仁有左右半"脑"，如果那个核桃仁不是特大，我就掰成两半吃，中间喝点什么，如豆浆，然后再吃另外一半，再喝点什么，就这样，用这个结构化的重复流程吃掉几个核桃。有时核桃仁特别大，饱满结实，我会把它们掰成四份，再按结构化流程的方法一一享用。使用"吃核仁"方法时，你可以根据自己的实际情况，调整专注的时间长度，如20分钟或30分钟。

让我们卷起袖子，使劲地干。请记住，不是你想做什么，而是你真的做了才有用，才有意义。

做一个正确的日常选择时，你的"今日"事项清单非常重要。但如果它还是不能带领你通往你想实现的一切，那是因为可能还有些更深的、更微妙的东西在发挥着作用。事实证明，那些不在你的"想做"清单上的每一个细小的行为与在"想做"清单上的行为同样重要。它们不是大目标，但是别不在意。这便给我们带来了**"厚积薄发原则"**（小选择累加起来真的会变得很大很大。单独看这些选择，可能很小。但当它们积累起来的时候，这些决定将诱发明显可见的变化）。

我们平时会花很多小钱在低价值的小事物上，多半是面对便宜、打折时的冲动型消费，无法带给你什么明显的价值提升和沉淀，那是非常短视的行为。如果把这些小钱积攒下来，去实现一个目标，那这些小钱带给你的价值将会非常巨大。还有很多人，倾向于把宝贵的时间和精力花在免费的事物上，这只会让你成为别人实现目标的流量资源，达人而不利己。殊不知，你的时间和精力就是最宝贵的生命资源，关于它们的选择才是真正重要的选择，影响了你的健康、性格和财务状况等。它们控制着你生活中的每个范畴，进而成为真正重要的现实。如果你真想实现人生愿景，就严肃看待它们，真正创造它们，而不仅仅只是想想、说说。

你必须成为你生活愿景的核心表达：只有清楚你想成为什么样的人，你打算成为并且只成为那样的人；只有你知道想过什么样的生活。最终，你走进生活，实践你定义的价值观，成为理想中的人。我刚认识我太太的时候，有次我们走在路上，看见地上有张20元的现钞，我太太说不要捡，我问为什么，她说我不想成为捡便宜的人，而且不属于你的也不该要。打那以后，我就知道我太太的金钱观和人生观了。

　　也许你认为这是件小事情，但你决定不做什么与决定做什么同样重要，它们共同构成了你想成为的那个人。美国作家尼尔·唐纳德·沃尔什在《与神对话》一书中说："你做出的每个决定不是决定要做什么，而是一个关于你是谁的决定。"当你明白了这一点，所有的事情都会开始改变，你就会以一种崭新的视角看待你的生活。瞧，秘诀就是将你的生活愿景与你的日常所思、所说和所做，深深地融合在一起，让它们成为你的第二天赋，成为你的生活方式。

　　去拥抱那些小而重要的决定，无数个"小善"会帮你养成好习惯。面对不在"要做"清单上的事，也会做出正确的选择，那你就可以自动做出正确的行动，因为那就是你，你真正想成为的你。

践行回合：人生没有无解局

　　行文至此，也许你已经看出，游戏思维完全可以让你把每天的线下生活过得像电脑游戏一样。

　　在人生实境游戏中，"愿景"就是电脑游戏中的"结果"；"目标"就是电脑游戏中的"关卡"；"事项"就是电脑游戏中的"日常任务"。

　　换句话说，人生游戏的目标就是实现心流的愿景；关卡是指阶段性目标：年目标、季目标、月目标和周目标；KO是基础目标，后者的实现就代表了愿景的实现。主线任务是指对实现阶段性目标有直接贡献的日事项；而支线任务是指对实现阶段性目标有间接贡献，也就是间接的日事项。做好日事项是为了完成阶段性目标，而完成后者是为了完成基础目标，而基础目标的实现则代表了愿景的实现。不同价值面取得的成就即是多维度的体验。

　　既然人生实境游戏的目标是实现心流的愿景，那世界上有没有通往我们愿景的道路呢？美国女音乐家特丽莎·耶尔伍德曾说："真正的愿望总有通往它的路。"我称其为"成愿之路"。只要沿着这条路不断践行，愿景终将实现。成愿之路包括八个不可压缩的步骤，如图12所示：

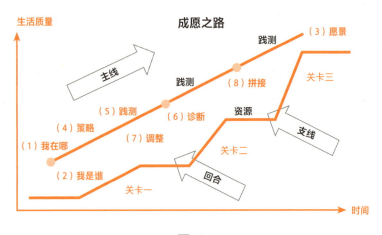

图12

1.步骤一

　　弄明白我在哪里？这个游戏场域是什么样的？其实就是要"觉察"游戏场。大部分人容易犯的一个典型错误是在对环境不熟悉的情况下上来就开玩，这样容易掉入坑中。

2. 步骤二

弄明白我是谁？我热爱做什么事？我的强项在哪里？我对事物看重的价值点是什么？

3. 步骤三

清清楚楚地弄明白你打算去实现的东西是什么，也就是愿景。

4. 步骤四

制订一个计划。为了实现"步骤三"中的愿景，需要做什么事，并把这些事都列出来。你将深入检查一下在"步骤三"中制定的"愿景"。为将这些策略落地，制订出针对你个人的特定计划及阶段性目标。我们在穿梭隧道中完成了这一任务。

5. 步骤五

每天专注、有效且明智地把你的计划付诸行动，测量并报告你的进步，来确保你的确是在每周、每月、每年都在朝着你人生的愿景前进。今天的事情努力今天完成，会带给我们成就感，帮助我们每个明天都可以轻装上阵。每做完一件事，你就朝理想的愿景生活又迈进了一步。日复一日，它就在你眼前显现出来了，你备受鼓舞，于是又铆足了劲，准备完成明天的日任务，生活就此进入心流的正循环。当然，总有当天没完成的情况，那就问问自己："什么原因造成的？是时间不够？缺乏内部或外部资源？我调用了我的全部内部资源了吗？加个伙伴一起做？还是开放给外界，外包出去？我能力不够？需要参加培训吗？还是因为与外部的合作不顺利？我对它的特征够了解吗？还是其他的什么原因？"

6. 步骤六

面对挑战，诊断性地反思问题，提出修改方案。如何做出有效诊断？首先，让自己处于一个正能量状态，告诉自己，你是不计得失、自信圆满的，一切挑战或问题都是自己认知的投影，所以我无任何抱怨，反求诸己。然后反问自己，为什么我会遇到这样的事情？我的什么认知投影造成了这件事？这样去觉察自己的那个认知，将那个认知颠覆，内在的障碍就打破了。

例如，我在招"互联网产品经理"这一岗位时，很久都没找到合适的人。后来，我反思了下我对这个岗位的认知，发现我认为市场上的产品经理实际上是工程经理，是偏执行的，不是真正的产品经理。同时，我把自己定位为产品经理，占住了这个岗位。于是，我调整了自己的定位，把自己定位为"人生游戏学"的发明者，把"产品经理"的位子让了出来，果然不久后就招到了合适的人选。除此之外，还有很多具体的方法，就不在此展开了。

7.步骤七

判断做出调整的必要性。如有必要，适当调整之前的方案或目标、愿景或践测（践行+测量）。如此循环往复，你就能不断实现目标和愿景，得到自己想得到的，生活迈入步步高升的正循环。

8.步骤八

对于圆满度不高的事项，可以通过拼接外部资源、合作或外包给第三方来做。

聪明的你，也许会问，那这个践测的过程又对应电子游戏中的什么呢？答案是回合，是指为通关而多次重复做的事情，它对应践测（践行+测量）、诊断和调整三个步骤。例如你想约女生出来吃饭，第一次你约了（践行），被拒绝；然后你就想："我哪里做得不到位？"（测量）诊断结果是自己发出邀约的时间太晚了，女生第二天已有安排，于是你决定下次提前三天邀约她，这就是调整。

在人生实境游戏中，有应对"回合"的耐心意义重大。你不可以因为没有一招制胜而轻易放弃，美好的事物值得你多投入几个"回合"。显然，回合带来的是"进度条"的感觉，它比"恒心"和"毅力"更让人轻松。

在此让我们仔细看看践测（践行+测量）、反思和调整这三个环节，这三者结合如此紧密，我们还是一起讨论吧。

测量带来反馈：我是向目标前进了，退步了，还是停滞不前？如果是后两者，那么要开始诊断性反思：是什么阻止了我的前进？问题出在哪里呢？先弄明白问题是什么，再想如何做。精准地找出问题所在，区分大问题和小问题，力求解决大问题，这样能获得最大程度的回报。

瑞·达里欧在《原则》一书中指出，很多人在面临问题时，容易跳入迅速解决问题的冲动当中去，这是一种常见的错误。当你没弄明白问题的真相时，你的解决方案有很大概率是帮不上你的，之后就会陷入做无用功，甚至导致后悔的境地。

"水太清则无鱼，人太急则无智"，你的迅速其实是一种动物的本能，而非用理性冷静的头脑去扫描问题本身。因为你想迅速跳离非舒适区，所以被情绪左右了，做判断的非你的大脑、你的智力。

也许，你需要与合适的人交流，一起分析论证，以确认引发问题的根本原因，而非直接原因。直接原因可能是因为表面动作，例如跑步太快引发了心脏病发作。而根本原因可能是状态或性质，如身体脂肪过多，易引发心血管疾病。而这次跑步太快，就直接引发了心脏病的发作。现在，体脂过高是根本原因，而跑步过快是直接原因。那什么是体脂过高的更深层原因呢？也许是饮食习惯的不健康，或者是缺乏良好的锻炼习惯，这需要你去思考、去辨析。更深层原因的发掘，对问题的解决具有长久和巨大的帮助作用。

人深层思维模式的改变会比"多挣钱"这件事对生活质量的提高与影响更为根本和巨大。这便是马斯克推崇的第一性原理。他有一句话是这样说的："我们运用第一性原理，而不是比较思维去思考问题是非常重要的。我们在生活中总是倾向于比较，别人已经做过或者正在做的事情我们也去做，这样只能推进细小的迭代发展。第一性原理的思想方式是用物理学的角度看待世界，也就是说一层层拨开事物表象，看到里面的本质，再从本质一层层往上走。"诊断到"第一性"原因能帮助你从根本上解决问题，带来了将挑战变坦途的机会。

一旦你对引发问题的根本原因有了比较清晰的认知，那就该思考调整方案了。如果你具有很好的想象力和现实感，就能提出良好的调整方案；还有一些人，他们待人更谦虚、更开放，愿意将自己的问题开放出来，为"市场"创造互动的机会，自己的需求就是对"市场"的供给；抑或你可以请教他人，或与别人一起做，接受"市场"提供的资源。在这个过程中，你可能会对"我是谁"有更深刻的认知，因为你看到了自己的弱项。我想说的是，一旦你找到了调整方案，你的弱项就不再是拦路虎了，也并不那么重要了，因为每个人都有弱点。但如果你能找到阻碍你成功的一两个最大的弱点，并消除、改善或规避它们，那你人生的质量将大大提高。如我的弱点是容易情绪化决策。或在不同游戏场景中，不懂变换角色的展现。

获得好的调整方案既体现了你的认知能力，又体现出你的开放程度，或者叫谦虚度，而后者能给你带来你想要的资源。如果你的认知能力强，但不够谦虚，你将错失很多有价值的资源或机会；如果你很开放，很谦虚，但认知能力不强，你或许将难以选择正确的人来请教，难以为自己引入正确的外部资源。既有良好的认知能力，又有保持头脑开放而谦虚的人，就能得到其他人的帮助，然后就会发现，你几乎没有做不了的事，没有实现不了的目标和愿景。

在获得了调整后的新方案后，又回到了践行环节。按如此方法走下去，你终将抵达理想的愿景生活。这不是是否可以抵达的问题，而是一定会成功，只是何时可以抵达的问题，最不济也是目前尚未抵达。如果你像有些成功、有创造力的人士一样，并不善于执行，那你可以和高度可信赖的任务执行者建立互助互利的关系而取得成功。

第四章

CHAPTER 04

用『玩』规划生活：设计生活

『在现实生活中，一定会有这样一个游戏，我玩得越多，我就越强大、越好。』

——周郁凯

美国著名游戏化设计师

你也许会说，生活中我并不需要设计游戏呀。这其实是个认知上的盲点。在自我经营中，很多场景其实都是需要你自己设计或掌控的。例如在单人游戏锻炼身体中，如何让自己能养成晨练的好习惯呢？还有多人游戏中的带娃、交友、家庭生活、指导下属，甚至创业等。我们每个人都必须要有自我激励和激励他人的能力，我们每个人既要能领导自己，又要有一定的能力领导他人，如自己的孩子、爱人、伙伴、父母等。这一切日常生活的事务处理都离不开游戏思维。

轻松处理极端情绪

我发现我太太做事总是比我慢两拍，说好几点出发，实际出发时间总是要比计划的晚，不时造成迟到；另外，我那正处在童年的儿子也没有很强的时间意识。可我是个做事喜欢提前的人，迟到让我感到很有压力，为此也没少发脾气。为了避免这种情况再出现，我设计了一个游戏，命名为：

【名称】

早出发的人花别人的钱

【愿景（指赢的定义，后续章节同）】

在指定时间出发，提前抵达目的地

【场域（指主场，后续章节同）】

家里/旅行时的酒店

【玩家（及类型）】

1. 太太   和平型

2. 孩子   和平型

3. 我   力量型

【期望玩家体验】

1. 太太：输了花自己钱的痛点；赢了花我的钱的痒点。

2. 小孩：输了没钱买零食难过的痛点；花自己的钱感到的涩点；赢了花我的钱买零食的沸点。

3. 我：准时出发和提前抵达带给我感到安全舒坦的痒点。

【期望玩家行为】

1. 太太和孩子能提前准备好出发需要的一切。

2. 我提醒所有人几点该出发。

【规则】

1. 到达出发时间时，谁不能出发，谁就支付当天的花销。如果有孩子一起同去，孩子因为自己的原因没能及时出发，则孩子当天没有权利提出任何花钱的请求，或者花孩子自己的零花钱。

2. 如果大家都能按点准时出发，那当天的花销就由我全部承担。

【资源】

手机定时提醒、番茄时钟（一种倒计时闹钟）

【冲突】

1.突然想起某个东西忘带了。

2.正要出发，有个电话突然打来。

3.孩子和太太在出发时突然想上厕所。

【策略】

1.我首先自己都提前准备妥当。如果看到孩子开始做准备了，就用积极的语言夸他，如"考虑得真周全"。

2.看到太太准备行头时，也夸她这件衣服很好看（言外之意就是不用再换别的衣服了，浪费时间），拿起的第一支口红总是最合适的，你懂的。

3.在距离出发时间还有15分钟时，每隔5分钟就提醒太太和孩子，谁落后，今天就花谁的钱了。

4.如果有忘带的东西，就在路上买。

5.边走边打电话，或车上继续通话。

6.出发前10分钟就提醒孩子、太太上个厕所。

【结果】

基本能做到准时出行，我也感到舒坦多了。

这个简单实景游戏的设计主要用到了周郁凯在《游戏化实战》中提出的八角行为分析法中的第八种核心动力：避免亏损。

这属于短期的外部动力。

如果你也有类似的情绪管理挑战，这一方式可供你借鉴，也许你可做些迭代升级，如加入一些其他激励机制，或者完全创造出一个更好的设计。

塑造理想性格特质

我希望成为一个可依赖的生意伙伴。Dependable（可靠）&
Reliable（稳健）是我想在自己身上打造出来的性格。为此，我
把这两个词放入了我的邮件签名中，并设计出了一个工作中的实
境游戏来帮助我将它们变成我的第二天赋：

【名称】

没问题

【愿景】

1.在人才供应上稳定可靠，被客户视为独家人才供应商。

2.客户的所有人才都能从我这里得到一站式供给。

【场域】

正式工作场合

【玩家】

1.我

2.核心大客户

3.其他人才服务商

【期望玩家体验】

1.我：被信任带来的痒点；作为独家供应商带给我高成功率的沸点。

2.核心大客户：稳定可靠带来的痒点。

3.其他人才服务商：及时反馈、流程透明，帮助其消除盲点以及得到大头收益带来的痒点。

【期望玩家行为】

1.客户要有任何需要猎聘的岗位，就会想到我。

2.其他人才服务商愿意与我合作。

【规则】

1.客户不问人才的来源。

2.合作的人才服务商不能跨过我与我的客户洽谈。

3.及时告诉客户某个岗位寻聘人才的进度情况。

4.对合作的人才服务商保持绝对的进程透明。

5.客户告知不成功人选的不足之处。

【资源】

求职类App上可找到日本的人才服务商

【冲突】

1.（潜在）合作的人才服务商对岗位的真实需求表示怀疑。

2.当多个人选没被面试时，合作的人才服务商会表现出不耐烦，甚至责备客户。

【策略】

1.无论客户需要寻聘的是什么岗位，永远对客户说："没问题！"

2.如果自己没有资源，就向有资源的人才服务商寻求合作。

3.将一部分的收入分配给合作的人才服务商，还特地感谢对方。

4.努力找到人才供应商与我合作的其他动力点或驱动力。

5.应对冲突①：可以将客户发的岗位说明书甚至邮件发给合作的人才合作商。

6.应对冲突②：及时将客户的反馈告知人才合作商。

【结果】

这个实景游戏让我的性格发生了很大的变化，从飘逸型变成了可靠型，带来了长期的收益。很多后来跳槽至新雇主的人事主管仍然雇用我做他们的猎聘顾问，可见人间游戏场里稳健可靠的玩家比精明的玩家更受欢迎。

构建和谐家庭氛围

天下每一个已婚的儿子都得面临一个挑战，那就是如何处理好婆媳关系。作为被两个女人所爱的男人，该如何在其中穿梭自如，让她们能和谐共处，不责怪你，甚至感谢你，那可真是有讲究的。

结合我自己的情况，我设计了这个名为"加料"的游戏，供你参考：

【名称】

加料

【愿景】

婆媳和平相处

【场地】

家中

【玩家（及类型）】

1.我   力量型

2.太太   和平型

3.妈妈   完美型

【期望玩家体验】

1.我：消除对婆媳思维认知的盲点，去除婆媳不和带给我的涩点，带给我婆媳和睦的痒点。

2.太太：被爱带来的痒点，施爱带来的大我感。

3.妈妈：被尊重和被爱带来的痒点，施爱带来的大我感。

【期望玩家行为】

1.如果想消除分歧，不直接沟通，而是告知我详情后，通过我来沟通。

2.太太和妈妈互夸、互谢。

【冲突】

1.我不在场时，两人不得不就某事直接对话。

2.有时双方从不同的角度看问题，两方都有道理，我处于两难抉择的境地。

3.自己心情不好、精力不够时，无心处理分歧。

【资源】

手机、各自的房间

【规则】

当双方出现不一致时，不直接对对方做出任何评论。

【策略】

1.借我的口说出双方想说，但没有说出的好话。例如，我妈做的包子好吃，我太太一口气吃了好几个。当我单独和我妈在一起的时候，我就会说，你的儿媳妇说你做包子可真是天下第一的水平呀，我妈听了就呵呵地笑，我能听得出来，那是发自内心的笑；同样，我太太喜欢水晶等摆件，而且颇有些研究，在家里的各个地方都布置了好些，顿时觉得心情极好。我就告诉我太太："我妈说自打有了你布置的这些水晶，她觉得自己精神抖擞了许多。"太太立刻就应了一句"那是！"

2.当我想对某一方施爱时，不时提及另一方。例如我太太出门时，当天可能会下雨，我就会说："妈说今天会下雨，让我提醒你，最好带上伞。"当我看到我妈气色不好时，我会忍不住问一句："你家媳妇问你的药吃完没？说是别舍不得吃，吃完了再买。"

3.当我太太对我施爱后，我就会在我妈面前显摆。例如有一次我太太一次性带我在香港买了四件衣服，三条裤子。我一回家，就问我妈，你看你儿这行头怎么样，你家媳妇挑的，买的单。我妈直夸："比我老太婆有眼光。"显然每个妈妈都希望看到媳妇关爱自己的儿子。

4.有分歧时，我做润滑油，在中间打太极，承揽"过错"：是我理解错了、是我表达错了、是我沟通不到位。

有次我太太觉得我妈买的塑料假花不好看，希望能换成真花，告诉了我。我就和我妈说，我觉得塑料花不够高级，我想换成水晶石头。我妈爱我，就答应了。

虽然我能使得太太与母亲和平相处好几年，但最终还是决定给太太应得的女主人管理权，请我母亲回到她自己的家庭中，与我父亲过上了属于他俩的幸福生活。我母亲很高兴，做儿女的终于有能力完全独立生活了。

科学养育孩子

我儿子的钢琴老师告诉我他的音乐感很好，只是没有什么耐心，需要多练习。听说十个孩子中只有不到一个肯坐下来耐心地弹钢琴。作为父母，我们也看得出来，他并不热爱弹钢琴，只是很热爱听音乐。欣赏一个事物与自己去做还是有点儿小差别的。不过，作为父母的我们还是希望他能会一门乐器，同时培养自己的耐性，通过双手来锻炼左右脑之间的协同。会一门乐器不也能给生活带来很多音乐的美好吗？如何让孩子喜欢上，或者至少不讨厌弹钢琴，着实让我们费了不少心思，为此我特意设计了这个游戏：

【名称】

王子的诉说

【愿景】

孩子愿意主动学琴、练琴

【场域】

家中/琴房

【玩家（及类型）】

1. 儿子　　　　　　和平型

2. 老师　　　　　　完美型

3. 太太/我　　　　和平型/力量型

【期望玩家体验】

1. 儿子：奏出美妙音乐很开心时带来的痒点或沸点；音乐给他人带来的美好感受。

2. 老师：看到学生因自己的教导而逐渐成长，由此带来的成就感。

3. 太太/我：看到孩子能奏出美妙的音乐而获得的满足感。

【期望玩家行为】

1. 主动拥抱弹钢琴这件事。

2. 愿意参加钢琴考级。

3. 为自己的钢琴演出感到骄傲。

【冲突】

1. 孩子某天很累或者闹情绪。

2. 孩子以不想做钢琴家为理由，拒绝练琴。

3. 某天很忙，没空陪孩子练琴。

4.自己情绪有波动，认为投入了很多金钱，孩子反而不感恩。

【规则】

1.每天都必须练习弹钢琴。

2.每周都必须去上钢琴课。

3.我和太太都有责任陪孩子学琴、练琴。

4.老师及时反馈孩子学琴取得的进展和挑战。

【策略】

1.给他找个喜欢他、他也喜欢的老师。最后觅得的老师是位留英硕士，温和大方，对孩子有耐心。

2.和他一起分析钢琴的结构，为何钢琴能奏出美妙的音乐。

3.平时多欣赏钢琴曲。

4.和他一起体验钢琴曲想要表达的情感，谈论曲子的历史背景。

5.每次完成家庭作业积10分；每次上课积10分；积分可以换礼物（参与后的奖励）。

6.选曲的难度逐渐递增，进步慢点没关系，关键是让孩子仍保留兴趣（参与过程的适应性）。

7.每次弹琴，我都建议他先弹一些以前学过的喜欢的曲子，一方面巩固了基础，另一方面会唤起弹琴的欲望和兴趣，再去练习新曲子就能自然过渡了。

8.反馈系统：完成作业时的掌声；老师的表扬；录音+录像；现场表演；考级；朋友圈的点赞；蛐蛐五线谱播放器；节拍器。

在此，我想和你分享的是，这个游戏虽然进行了一段时间，但最终我们还是决定不再强迫或哄着孩子继续学钢琴。显然，他并不喜欢做这件事，我们也就不想继续投入了。如果你有同样的挑战，或有好的策略，我们可以好好交流一番，我也期待着你的到来。

在做人生游戏设计师的旅途中，你很可能也会有类似的经历。不是每个你设计的游戏都会受欢迎，不是每个游戏你都能玩赢，能否坦然地面对并接受不成功，也是一种心智的成长。

筛选高质量人生伙伴

如前文提及，我把亲戚、朋友、同学、同事中关系比较近的人称为伙伴，把他们看作是我人生中最重要的资产之一。他们是我人生游戏的同盟者、队友。人对自我的认知及存在感的获取，有很大一部分都来自伙伴，甚至我寿命的长短都与我和伙伴关系的质量成正比。将有限的时间精力投入到高质量、少而精的伙伴身上，不仅需要投资眼光，还需要耐心。

【名称】

我的同盟

【愿景】

与伙伴互相帮助、互相支持

【场域】

共事时

【玩家】

1.伙伴

2.我

【期望玩家体验】

因为伙伴的存在，而消除了盲点、涩点和痛点，获得了痒点、沸点和零点。

【期望玩家行为】

1.愿意互相帮助和支持，共同进步。

2.尊重彼此、认可对方。

3.言行一致，待人真挚，去除假大空，保存真善美。

4.能够从对方的角度考虑问题，做能够彼此理解的伙伴。

5.有求必应，即便回应的是"无能为力"，那也是个回应。积极的回应代表了对方在你眼里的重要性，如果你把对方当伙伴，那就尽快给对方回应。对方对你的回应，也代表了你在他心目中的地位。

【冲突】

1.让每个伙伴都知道并遵守相同的游戏规则有点儿难。

2.当资源有限，而不能帮到伙伴时，容易带来错判。

3.双方对彼此的期待可能不一致，价值观也可能发生变化。

4.第三方对伙伴关系的负面影响，如负面评价。

5.时空变化带来双方心态变化，一方可能已经不把另一方当作伙伴，而另一方却没变。

【资源】

自己有的所有内外资源，如助人之心、人脉关系等。

【规则】

1.不违反法律法规。

2.物以类聚，人以群分。

3.没有非常严谨的、强制性规则。

【策略】

1.有好事时，就想到他们，不时与他们互动，己之所欲，亦施于人。

2.不断提高自我，展现一个更优秀的我。

3.吸收新的、更优质的伙伴。

4.筛选过滤掉"伪"伙伴，例如有需要时，就积极联系你，你找他寻求帮助时，就没有了音讯，或者说些客套的话后再无下文了。

5.如帮不上对方时，也坦然相告。

大家都是自愿组团的，谁都想和优秀的队员在一起，因为这意味着将来自己可能作为伙伴受益。你把自己变得越来越优秀了吗？正如我也无意加入每个团队，也不是每个人都想加入我的团队，这都是互相选择再加上双方的珍惜和经营。这些都需要投入积极的关注，甚至更好的策略。一个人的力量是有限的，一个团队的力量则大许多倍，如果你想取得大的成就，你就得有领导团队的能力，这点对任何人都适用。

寻求事业成功

如何激发公司的员工从工作中获得喜悦、激发潜能、得到认可，一直是组织经营者思考的永久主题。下面是我们实践过，取得过良好效果的实境游戏，也曾被别的公司经营者称赞。

【名称】

谁是牛人？

【愿景】

评选出每月表现最佳的员工，也就是当月积分最高的员工。

【场域】

办公室

【玩家】

1.公司所有员工

2.老板——裁判

【期望玩家体验】

1.不希望自己落后的恐惧感。

2.得分后的痒点感。

3.获得"牛人"称号后的骄傲感。

4.老板做裁判的权威感。

【期望玩家行为】

1.员工积极工作，努力达标，争取优秀。

2.员工主动提出优化工作的建议和意见。

3.通过评选优秀员工来树立公司的文化。

【冲突】

不同部门得分项的数量和分值不同，造成可得分不同。

【规则】

1.鼓励员工将做的所有工作公开，并赋予相应的分数，见下表。

项目	得分
获得候选人转发的介绍信息	1
客户愿意电话面试	1
客户愿意实地面试	1
向客户要到新岗位（独家的/三天内）	1
客户给候选人发offer	2

续表

项目	得分
候选人入职	2
客户回款	2
候选人入职并推荐其他人	5
通过各种方式提高自己的工作能力：看视频直播等+1，看书（开始+1，结束+1），等等	1—2
请老板吃饭谈人生谈理想	3
提出修改建议，给出方案并被采纳通过	2
时限内完成任务并通过	1—2
打死一只蟑螂	1
主动买桶装水	1
主动换水	1
老板表扬随机确认加分（老板特权）	1—2
老板迟于8:30时，在此之前到的加分	1
每月不迟到	2
17:00之前打扫卫生（桌子、电脑、垃圾、脏水）	1
监督打扫，监督未完成则代替劳动者受过（每人每周一次）	1
帮助同事解决问题（电脑、系统）	1
发现网站bug（非写代码）	2

续表

项目	得分
修改一个bug	1
非上班时间加班（周六周日多于1小时）	2
给同事分发零食（自带）	2
请所有人吃饭	4
每下班晚1小时得1分（最多3分）	1~3
内推合适的员工	4
挑战性任务	2~6
阶段性汇报，老板觉得OK	2~4
当日加入与工作相关的素材不超过3个	1
非工作时间想出工作方案或解决问题的策略	2
其他你能想出的对公司有帮助的内容	待定

2.在公开的大白板上，每人每天写上自己的得分，计算累计得分，并在公司群里公开自己得分的项目或理由。每周小计一次，每月大计一次，根据总分排行。

3.总分排行榜与绩效工资挂钩。由老板给第一名的打绩效分，例如第一名的绩效得分是10分，其他员工的绩效得分则与排行榜中的名次成正比。

4.月末由排行榜中"下半截"的员工请"上半截"的员工吃顿工作餐，由公司掏钱，请教成功之道。

5.最后一名玩家要付给第一名玩家10个金币，而且在吃饭时，给第一名玩家敬酒。

【资源】

记录用的立式大白板、微信公司群

【策略】

1.尽可能多地、有意识地去做得分项目，且主动展示证据。

2.创造出新的得分项目且能说服公司买进，增加自己的得分选择范畴。

3.大家互相监督，防止某位玩家无理由给自己加分。

4.应对冲突：各个部门内部可以评选先进员工。

【结果】

在公司建立起了充满正能量的文化氛围，效果非常好。一开始我也是核心玩家，后来发现我总是得第一名，就改作裁判了。实践证明，所有的KPI都可以作为加分项。除此之外，公司提倡的行为和想通过行为建立的文化，都可以通过相应的分值来实现。

通过玩这个游戏，公司内部形成了大家积极工作、积极展现、良性竞争的局面。即便是非赢家，也没有出现工作不开心的现象。有人提出，我们部门的加分项太少了，那就积极思考什么是应该提倡的加分因子，如果仔细想想，你会发现比你潜意识认为的要多很多；如果实在没办法在不同部门之间平衡，那就在每个部门内部玩这个游戏吧。

我还想与你分享一个好例子。公司曾为促进员工之间的工作交流，规定每个人都要在固定的某半天，进行15分钟的陈述，对本周工作成就/教训进行总结。但后来发现大家积极性不高，很多员工不愿花时间准备PPT，听众也无法集中精力、提出问题，更别说积极地从别人的工作中学到些什么。

为了把工作总结变成一场比赛，我特地设计了下面这个比眼力的游戏。赛前每人投10个金币给你认为能获得第二名的选手，投中者平分奖金池；如果没人投中，则奖金滚入下一轮。

【名称】

比眼力——"谁会是第二名？"

【愿景】

PPT做得好且有眼力的员工获得大奖

【场域】

会议室

【玩家】

1.参加PPT总结会的员工

2.裁判

【期望玩家体验】

1.参加的员工：PPT得分时的成就感；游戏过程中的不确定感；角色变换带来的不同体验；猜中后的成就感——沸点。

2.裁判：说中得分要点时的成就感。

【期望玩家行为】

1.每位员工，作为PPT展示者，积极准备PPT和分享自己的工作成就。

2.每位员工，作为听众，积极参与对PPT内容的评价。

【冲突】

鉴于玩家间是竞争关系，当指出某位同事PPT的亮点时，对方得至少3分，而指出者只得1分，让后者有些犹豫；同时又担心如果被别人抢先指出了，则自己1分也得不到，处于两难境地。

【规则】

1.凡是能指出总结者PPT中的亮点，且被裁判认可的，展示者每一个亮点可得3~5分，指出者每指出一个亮点可得1分。

2.个人总分=（作为展示者的）PPT得分+作为评估者的得分。

3.最终排行榜按个人总分降序排列，总分计入上个案例中提及的当月绩效总分中，与绩效评分挂钩。

4.投中第一名者获得所有金币；如有多人投中，则平分所有金币。

5.最后一名要给第一名五个金币。

6.一个金币=10个积分。

【资源】

投影仪、会议室

【策略】

努力观察每位同事上局的表现和平时的工作表现，对看准人和投对人极有帮助作用。

【结果】

每位员工都认真准备自己的PPT并积极地扮演"打分者"的角色，最终赢得大奖者也非常兴奋。

你也许会问，为何投注的主题不是"谁是第一名"呢？游戏刚开始时确实应用了这个主题，但玩过几轮后，我们发现一开始获第一名的人后来也会高频地登上第一名，这也印证了那句老话："优秀是个习惯。"于是我们就改成第二名了，也增加了游戏的难度。

这个实境游戏将之前单调的听讲会变成一节节的讨论会，参会者不会觉得疲劳，而且很愿意参与其中，心中还不时惦记自己是否猜中了；会前的PPT准备工作也变成了尽力提高PPT质量的积极备战任务；投金币赌眼力，增加了趣味性；得最高分者受表彰和尊重；参会者由听众变成了游戏玩家，从而积极参与打分；请假者将丧失参加游戏和积分的机会，很可能会有绩效收入的损失。这是一款很成功的实境游戏，希望你也能用得上。当然，你可以根据自己的情况，适当增加或删减某些内容。

本章用第一章中提及的十三个核心元素来示范设计生活实境游戏，只是起到抛砖引玉的作用，聪明的你往后一定能设计出更多有趣、有料的游戏，如猎头游戏、职场游戏、真爱游戏等。

但作为游戏玩家的你，一定会对如何玩成"赢家"感兴趣吧，这便是下一章的主题。

第五章

『玩』成『头号玩家』：成为赢家

CHAPTER 05

> 「人生游戏很像橄榄球赛，你必须解决你的问题是，挡住你的恐惧，并在机会出现时得分。」
>
> ——路易斯·葛里德
> 美国作家及幽默家

有人说，"游戏思维"对生命不尊重，人生态度过于轻浮、随意。这可能是因为在中文里"玩"这个字给大众带来了羡慕嫉妒的负面情感。毕竟在（机器）生产力还不发达的岁月里，对普通大众而言，"玩"还是个奢侈品。所以，现在我们有必要一起来认真审视下"玩"这个字。

"玩"的内涵：
心底放松，心中专注

"玩"的左边是个"王"字，右边这个"元"字，代表开始，本初。这两个字都是高大上之字，我们可以将其理解为"能玩者，生来就是王"。当然，也可以解读为当你开始玩时，你就成了王者。玩游戏并不代表不认真地对待某件事，不认真的状态叫"耍"而不是"玩"。那些在网吧里玩游戏的玩家能玩到手指抽筋也不愿终止，达到废寝忘食的程度，你能说他们不认真吗？但如果玩家不能自控，甚至有人达到了歇斯底里的程度，我也不认为他在玩，因为他的心底还不够放松，以至于❶放不下。

---

❶ 当你在玩一款电子游戏时，你的妈妈或太太叫你去吃饭，你就会停下来，因为你不想让她们等你一起进餐。毕竟玩的就是款游戏，你拿得起，也放得下。

在我看来，唯有一种**心底放松、心中专注，而外在积极的状态，才配称之为"玩"**。

我注意到无数行业高手都喜欢用"玩"这个词来描述自己做事的状态，比如玩金融；在短视频平台上挣钱，也说成是玩短视频，据说很多"玩家"收获了不少人的喜爱；与一个人合作不愉快，就称为不好玩，或者玩不来；比如玩比特币，这里却没有半点儿的随意或不认真的成分，毕竟真金白银地投进，谁敢不认真呢？只是前辈们喜欢用"搞"什么来代表自己认真地从事什么工作，而当代人喜欢用"玩"什么来表达自己的志趣。

美国有个叫提摩西·加韦尔的网球教练，他发现一个人能否赢得比赛与这个人如何感知比赛息息相关。关于成功，他给出的答案是：放松而专注，让自己尽可能地活在当下。也就是说，在比赛中，你的注意力是高度集中的，但你心底的状态却是放松的。这其实就是我们大部分人玩游戏时的状态，这种放松式专注的状态更容易激发一个人的潜能。所以，**我将"玩"定义为一个人处于放松式专注的积极状态**。

在"玩"的状态下，你的内心最多有点儿紧张，而不会过于恐慌。线下生活里，击垮我们的常常是我们自己的恐慌，而非恶劣的环境。楚汉相争之时，刘邦命大将韩信领兵去攻打赵国，赵王带了二十万大军迎击。当时，韩信只带了一万二千人马，他将一万人在河边列了一个背水阵，另外派两千轻骑潜伏在赵军军营周围。交战后，赵王二十万大军向河边的一万汉军杀来。这时潜伏的那两千士兵乘虚攻进赵营。汉军面临大敌，后无退路，只能拼死奋战，故而赵军无法在短时间内取胜，正要回营，忽见营中已插遍了汉军旗帜，赵军立刻陷入恐慌之中，于是四散奔逃，而汉军乘胜追击，赵军大败。设想如果赵王拥有"玩"家风范，战略上藐视对方，战术上重视对方，以这种心态，立刻调整用兵，用一半兵力夺回营寨，一半兵力继续攻杀汉军的背水阵，并告诉后者，今天必须把汉军赶下水，因为我们也无退路了，那这场战斗的结局必是汉军全军覆没。可以说"玩"能赋予我们王者风范的镇定，泰山崩于前而不乱，是比兵法更强大的心法。

为什么我们对于人生可以有一种"玩"的精神呢？因为生命中最美的就是享受每一个当下的片刻！在现实生活中我们也听说过很多这样的例子，比如谷歌创始人拉里·佩奇和谢尔盖·布林一开始只是志同道合的伙伴，在一个朋友的车库里做自己热爱、真正感兴趣的事情，享受着从事自己热爱的快乐，至于财富名望都是最后随之而来的。当我们的心灵开始拥有"玩"的精神后，那"赢"就不再稀缺。

而在"玩"的游戏上，我们也分为两种，即有限游戏与无限游戏。

鉴于人生只有一次，你希望自己的人生是由自己创作出来的非实用、非确定、非统一、非再生的艺术品，还是件被打造出来的实用、确定、统一和可再生的工业品呢？艺术品可被收藏、被鉴赏、价值恒久，甚至持续升值；工业品千篇一律、用后即焚，人生的结束就是价值的结束。艺术品需要创作者有意识地投入匠心，而工业品则只需要被动地接受锻造。

可以毫不夸张地说，每个人今生最大的代表作就是自己的人生。如果你只能把人生活成工业品，那你就是在玩一场有限游戏；如果你能把人生活成艺术品，那你就在玩一场无限游戏。

一个典型的"无限游戏"玩家当数苏东坡，他当过官，也是诗人，还烹制出了"东坡肉"，活出了传奇性的人生；还有孔子，他的人生结束了，但他的游戏还在以各种形式继续，如《论语》，"孔子学院"等；"心学"创始人王阳明的一生亦是如此，毕竟至今还有好些人在学习"阳明心学"。你知道吗？你还可以将"有限游戏"无限化，我们通过代代相传，将自己的基因永存于世，潜意识里就在无限化自己有限的人生。

与自己的爱人发生口角，但你不会就此提出分手，因为你真爱他，打算与之长久地"玩"恋爱游戏，这时你就成了无限游戏的玩家。与有限游戏不同的是，无限游戏总是具有传奇性，其结果有无限可能，当然，这也预示着你的人生有无可限量的未来。

一旦我们拥抱了无限游戏这个思维模式，就会感觉轻松很多，人生也顿时美好许多。成为"事业达人"并没那么难，一念之间，世界大不同。

因此，我们可以说人生既是有限游戏❶，也是无限游戏❷。作为有限游戏，它的脚本性强，让"赢"变得有迹可循、有标可参，使得人人都有机会成为赢家，这也是人生游戏的基础部分；而作为无限游戏，它的"赢"却是由观察者界定的。如果你在生活的各个价值面上不断提升自己，就能迈向人生赢家的目标；如果你能养成有助于实现目标的好习惯，那你就能越活越顺；如果你能整合各种内部和外部资源，而不仅仅是靠自己单打独斗，那你就能成为大赢家！

---

❶ 如参加一次高考。

❷ 如多次参加高考。

人生输赢：找寻你自己的定义

你相信人生游戏有输赢吗？如果有，那输赢的标准是什么？估计很少有人说得清楚；你若不相信"赢"的存在，那为何人类文明中有"赢"这个字？为何人有时觉得别人过得比自己好？为何有"人生赢家"一说呢？如果缺少"赢"的感觉，人就缺失了存在感和被尊重感，也就体会不到"沸点"。

想"赢"就得先界定什么是"赢"。如图13所示，我们将其划分为以下四种情形：

1.当一个人得到了自己想得到的，甚至有所超越时，我们称其为"赢"。

2.超越他人时。

3.为某种意图，刻意让他人胜过自己。

4.其他你自己定义的"赢"。

图13

如做到以上任何一种或多种情形，你就"赢"了，同意吗？在第三章中，完成人生游戏的目标就是实现自己的生活愿景，在这个过程中，你成就了更好的自己，也就是情形1。下面我们来看情形2，也就是通过竞争这种冲突性元素来胜出。

其实，我们每个人生来就是"赢"家，才有资格参与到人生游戏中：我们每个人都是亿万分之一的竞争胜利者。因为每次受孕过程中，都只有一颗精子在亿万个竞争对手中获胜。这也再次显示造物主——这位最伟大的游戏设计师——在开创世界时，就把"冲突—竞争"这个游戏元素注入游戏中。的确，在生命游戏中普遍存在通过"冲突—竞争"来获得"赢"的情况：两只小猫会为吃妈妈的奶而打斗；狮子和豹子会为争夺一只鹿而撕咬。为"赢"而竞争、比较的心理在人生游戏中也无处不在：在一家公司里，谁的收入最高？在同学中，谁的学位最高？谁实现了财务自由或更为富有？人类作为社会动物，有意无意地就会与他人比较，并通过这种比较来认知"我是谁？""我赢了，还是输了？"例如在"智力"价值面的高考中，两个同班同学第一志愿都报考了同一所大学，其中一人被录取，另一人没被录取，那后者就会有"输"的感觉，前者就能进入赢家的状态。但凡游戏中有竞争局面，那都有输赢之说。

鉴于人生游戏中每场竞争比赛的时空都是有界定的，又考虑到今生寿命有限，所以人生的确是个有限游戏。

作为有限游戏，输赢的标准比较明显，如运动会比赛、职场的晋升、学历的高低、资产的多少、寿命的长短等。

人生游戏之有限不仅体现在你玩游戏的维度上，还体现在时间上。游戏开始之初，时间看似很充裕，似乎有大把的时间来做设计，在游戏进入中场时，时间越走越快，随着各种选择变得有限，选择本身就变得越来越重要。我们将青少年期看作是充满各种可能性的"早晨的太阳"，因为那时看似有那么多康庄大道通往成功。但是随着一年一年过去，每个决定是否在策略上正确的机会成本越来越高。一着不慎，满盘皆输。如何赢就显得越来越重要了，每摔一跤都感到比昨天要来得疼。大多数人会在竞争中提高他们的努力水平和表现水平，随后而诞生的"赢"，也就给我们带来了超好的感觉。你想做同学中寿命最长的那位赢家吗？

只是想在此提醒你，有时一味地争赢，赢得了道理，却失去了情谊；赢得了争议，却失去了生意，甚至会给自己带来麻烦或灾祸。在《动物世界》的一期节目中，两只野豹在打斗后分出结果，胜者立着，败下阵来的则气喘吁吁地躺在地上，周围围观的野狗一拥而上，把后者给撕了。另一个典型例子发生在《三国演义》中，刘备为报吴国杀害关羽之仇，欲举全国之兵攻吴，此时，一谋士死谏道：魏国强，我国与吴国皆弱，若我攻吴，则两败俱伤，魏国得利。可刘备不听。而历史正如这位谋士所言，蜀国和吴国最终都被消灭。类似的事情有时也发生在两只都想赢的野牛、两只发情的公鹿和两个都想证明自己是对的同事当中。它们共同的地方就是争斗双方都不具有系统思维。显然，无论是豹子、野牛或公鹿，都不希望自己输了就被吃掉，争赢的同事也不希望输掉的同事在工作中不再与他好好配合。

同时还要补充下，这还要看争论发生的游戏场，如果是在奥林匹克运动会上，该争还要争，能赢还要赢，竞争让这些"人生游戏"更好玩、更有趣，这种"赢"让大众享受了更好的产品或服务，让参与竞争游戏的玩家们的能力也得到不断提升。为此人类也发明了"反垄断法"，目的就是大家在游戏规则上达成一致，不允许一家独占市场，因为这有损大众的利益。

下面用一个例子来解释情形3：通过让他人"赢"，来达到自己赢的意图。

在我20多岁时，某个春节从学校赶回家过年，看到家里来了好些父亲的同事一起打麻将。我忍不住想玩，就请父亲让我玩三回。谁知道，我"运气"超好，上家不要什么牌，我就正好缺什么牌，所以每局都赢。我自鸣得意，父亲的同事也都夸我天分很高，不愧是名牌大学的高才生。等牌局散了，我父亲才告诉我，那位上家是总经理助理，麻将高手，情商也极高，他是故意让你赢的，他能猜出你缺什么牌，所以帮你赢，让你开心地玩三局。我恍然大悟，原来能让别人赢也是一种智慧。被称为"中国式管理之父"的台大教授曾仕强曾说：无关紧要的事，宁可输也不要赢。这句话充满了智慧。你让你老板"赢"了吗？你有帮你的爱人体会"赢"了吗？你帮你的员工"赢"了吗？

沟通大师戴尔·卡耐基曾说过："你永远不能赢得一场争论。"显然他对赢的定义包含良好的人际关系。如果另一个人，他对赢的定义是证明谁是对的，那他必定全力让对方意识到自己理亏。在法庭上，则通常将赢定义为法官做出对自己有利的判决。

　　那么，你如何定义众多生活游戏中的赢呢？它多半由观察者的核心价值观来决定，人生的赢则是由观察者的人生观来决定。这便是下面我们将要讨论的情形4。

　　稻盛和夫先生说："人不论多么富有，多么有权势，当生命结束之时，所有的一切都只能留在世界上，唯有心灵跟着你走下一段旅程。人生不是一场物质的盛宴，而是一次心灵的修炼，使它在谢幕之时比开幕之初更为高尚。"可见他定义人生游戏赢为"更高尚的心灵"。相信你也有你的标准，因为生命是你自己的，你才是主人。家财万贯算是"财务"价值面的赢吗？迎娶你爱的人是"爱与被爱"的赢家吗？获得博士学位是"智力"价值面的赢家吗？你认为人生游戏是有限游戏还是无限游戏？

　　关于"赢"，如果你选择情形1，你就把赢定义为超越自我；选择情形2，你把赢定义为超越他人；情形3，你把赢定义为通过让他人赢，来达到自己的意图；也许你还有其他关于赢的定义，也就是情形4。在有限游戏中，虽然大部分"赢"的标准是由他人设定的，但你也是接纳了这个定义的。从根本上来讲，人生的输赢是由你自己定义的，你才是最终的裁判，别人的评判只是个参考。这么看来，人生游戏更像个量子产品，多态叠加，各种可能性都有，并且主要取决于它的观察者，也就是你自己。

　　恋爱中被拒的一方常认为自己是"输"家。这个"输"字也是解读出来的，是自己贴上去的标签，其实并不存在。举个例子，我认识一位小伙子，在他18岁时曾追求一位女生，交往一段时间后，女生认为这位小伙子不是自己的那个"他"，于是这让小伙子沮丧了好几年，其间不时责怪自己。三十年后，他突然发现自己曾经喜欢的那位女生仍然单身，而他已经拥有了幸福的婚姻和事业。请问当初他没有获得那位女生的爱，是输了吗？在我看来，他从来就没有输。两人真诚合作，没有违规，最终却没有成功，那么双方都要100%地对其中的50%负责任。因此没有输赢之说，更不值得为此走极端。

你觉得自己不够聪明吗？还在为没有赢得某个有限游戏而唉声叹气吗？如果在你大脑的操作系统中装入无限游戏的思维模块，你的人生将大大不同。

那么，具体要如何才能赢呢？

"赢" 的基础：全自动化目标策略

现在，请系好安全带，和我一起探索把日子越过越顺、越过越轻松的秘诀吧。

我们先看一个策略，它让目标实现变得容易、自动化，甚至几乎不费吹灰之力。首先，我想在此与你分享我的典型生活方式。

我的一天从早上5点左右开始：

1.学习：每天先学习30～45分钟。日积月累，我感觉自己的头脑越来越好使了。

2.反思：然后，检视昨天发生的事项：有需要调整或补救的吗？如果再来一次，如何才能做得更好？使用内调术中的"挫折转弹性"技巧。

3.计划：然后，开始计划当天的事项，确认哪些重要的事需要当天完成。

4. 入愿：随后我会闭上眼睛，进入我向往的愿景或目标，去体会达成后的美好感觉，并从未来走向现在。这让我感觉一切都只是时间的问题，我想要的迟早会到来的。

5. 锻炼：然后开始健身，跑步、玩运动器械……在运动的同时，我会思考些我已经思考很久的问题。有意思的是，运动时的思考几乎都能提供些新的思路。我很喜欢运动时肌肉带给我的力度感，运动时的思考也给我灵感，这又让我更喜欢运动。运动场仿佛是我解决问题的另一个场所。

6. 工作：我一天大概工作10个小时，过程中很享受专注推进进度带给自己的成就感，也很享受与同事讨论带来的团队合力感。早上10点至11点，下午2点至3点是我的专属时间，任何人都不能打扰我。这两个小时是我工作中用来吃"核仁"的时间，保证我在目标上取得显著进展。在吃"核仁"的过程中，用的又是"吃核仁"法，每半个小时休息5分钟。

此外我对工作质量的要求比较高，再加上工作中难免会有意见分歧，有时情绪会出现较大的波动。我能觉察到它的到来，这时就会告诉自己口渴了，去喝口水，喝完了再上个厕所，上完厕所再吃个糖（小确幸），然后再深呼吸两下。我得照顾好我内在

的小精灵 ❶，不是吗?

7.午休：午饭后，我会看10分钟新闻，接着一个人做10分钟左右的冥想，放飞下思维。然后小睡一会儿。

8.晚间：晚上的时间我喜欢看些休闲类资讯，如小视频等，这过程常有惊喜出现，会有很多资讯意外地蹦出来，丰满我的知识架构。大概10点半入睡，睡眠质量很好，是个"粘枕着"。

9.临睡前：如果有什么重大的问题需要我思考解决，我会在潜意识里对自己说："请帮我想想哈，我困了，明早告诉我好吗?"第二天早上一醒来，我就会迅速思考睡前提出的那个问题，找回解决问题的感觉。很多时候，我愿意听从潜意识的心愿，听从内心的呼唤，这让我感觉到幸福，让我保持方向不变——对自己愿景生活的持续追求。

10.周末：其中一天，我会陪伴我的孩子，参加一些户外的活动，如游泳、篮球，或者智力游戏，包括象棋、围棋等。如果遇到孩子或太太的生日，我们还会一起搞个庆祝仪式或活动（如看大片或到公园里划船）。我还会总结下这周的得失，对失误进行复盘，将其转换为资源。

这是个非常有价值的行动，带来无限收益。对自己反省和矫

---

❶ 也称"内在的小孩"。

正能让我感觉到一个新的、更好的我在不断诞生，让我更有自信，更加充实和满足。

11.月末：这时我会检查下我的财务状况。账户余额是多少？够家庭开支吗？公司有应收账款吗？下月给员工发奖金的收入到位了吗？同时我希望每月能有个惊喜，如找到位新合伙人。

12.季末：本季度公司经营是否达到目标？是否需要调整经营目标、经营策略等？还会向亲朋好友问候下，保持触手可及的联系。

13.每年：我会带孩子和太太出去旅行一次，我们称之为"慧活之旅"，地点是世界各地。旅行让我们眼界大开，知道世界各地之人都有怎样不同的生活方式。知道了我们居住的国家竟然是世界上最安全的国家，这个以前从没意识到，感恩！

每次远足，对我们在这个星球上存在的价值和意义，我都会有新的思考，也感到心灵在升级。同时认识到世界原来如此缤纷多彩，世界之多元，远不是我日常所看到的那样。人生的选择也很多，困住我们的是自己的思维模式，不是环境。许多诸如此类信念的改变，让我的性格也有所变化，更容易接纳周围的事物，内在的智慧也在不断提升。是我自己选择了我现在的生活，是我在撑起我的生命之舟驶向何方。

因而，我每天、每周、每月、每季度和每年重复做的事情塑造了现在的我，它们已经进入了我的潜意识，也就是说我已经习惯了这种生活方式，它将我带入了我向往的生活。"精先核仁"（如学习）、检视、计划、入愿、锻炼、专注当下、冥想、享受休闲、早睡早起、日/周/月/季/年反思等好习惯让我的生活越活越轻松，越活越自在。

这种"一张（如专注等）一弛（如冥想、休闲等）"的循环，在各种电脑游戏设计中经常反复出现，似乎是人类享受的固有模式。

世界激励大师安东尼·罗宾曾说："塑造你生活的，不是你偶尔做的一两件事，而是你一贯在做的事。"美国著名石油和艺术品收藏家保罗·盖蒂更是一语中的："一个人若想达到顶点，就一定要欣赏习惯的力量。一定要迅速改掉那些可能毁掉他的习惯，同时尽快培养那些可以帮助他取得应有成功的习惯。"美国著名领导力和人际关系大师约翰·麦克斯韦尔说："如果不改变日常行为，那么永远都无法改变人生。如果说你可以取得成功，那么它应该在你的日常生活中能被发现。"他们的金句都体现了一个原则——**"习惯造就原则"**（如果你看到自己在人生的哪个方面做得非常好，那要归因于你习惯做的那些事；如果你看到人生中那些比较弱或者不成功的方面，那同样要归因于你习惯做的那些事）。

　　你一贯的作风便是你的样子。习惯造就了你的人生，塑造了你的生活而且定义了作为人类的你。你不停地做些什么，你就是什么样的人；你生活中的成功完全是你习惯性行为的结果，你的失败亦是如此。正如美国著名橄榄球教练文斯·隆巴迪说的："成也习惯，遗憾的是，败也习惯。"

　　"习惯"是指自动的，通常是无意识的行为模式，由于不断重复而获得。我将其称为"自动化的小程序"。当你反复重复同一个行为时，你的大脑就学会了这个模式，建立起一个神经通道，自动进行这一行为。所以大脑不必在你每次想要做某事时，都调用一套新的内容。你的大脑会记忆行为，重复同一行为。大脑知道要做什么，于是自动就去做了，有时甚至是无意识的。这正是为什么一旦你习惯于做某事，就不用再激活它，不用再激发或刺激，你就那么做了，甚至不需要意志力。你的大脑会对自己说："哦，该行动了。我已经做了无数次了。我知道这个模式。"于是，不用挣扎，也没有内部斗争。睡前刷牙，你毫无意识地就做了；每个月不用自我斗争，你就可以把收入的10%存起来；早上不用经过深思熟虑，就可以锻炼身体；你用爱和包容对待自己的伴侣，只是因为那是你的一贯作风。如果每一件事都自然发生，健身、健康饮食、完成最重要的事情，看着自己的净资产增长，享受满是激情的爱情，不是很好吗？如果每一件事都能几乎毫不费力地自动发生，不是很棒吗？那就是你在生活的每个价值面里都努力想成为的样子，正确的习惯会帮你实现这一切。

到现在为止，我们一直讲的都是目标的设定，它是创造非凡人生不可或缺的一部分。不设定目标，你就不能实现人生愿景。但是现在，我要引入一个全新且同样有力的因素——习惯。

显然，习惯和目标一样，都是塑造你人生的要素，是决定你命运的一个重要力量。目标和习惯差异很大，但两者对你的成功都至关重要。那么我们现在用几分钟看一看目标和习惯的本质，以及两者的区别和关系。我们还要探索两者如何共同发挥作用，帮助你创造梦想人生。

目标是你决定想要做的事情，我们愿意为之努力的；习惯是一种自动的行为模式。目标和习惯的巨大差异，可以总结为一个简单的问题：你只是想到达那里就够了，还是想一直待在那里？目标因其性质的缘故，是一种阶段性的东西，你可以到达但也可以离开，它们是里程碑式的，是要实现的事情。一旦实现了，它们就会从清单上被划掉。但是习惯，因其性质，是一直进行的，不会从清单上被划掉。习惯性行为会一直有节奏地发生：早上健身、每周晚上约会、每月把收入的10%存起来等。目标需要花精力，努力去完成；而习惯是自动行为，有时候是无意识的，你那么做只是因为你一贯如此。你不需要盯着它，也不需要培养它，它会养成你。目标关乎将来，目标是你还没有的东西，是你打算够到的东西；而习惯关乎现在，是你一直在做的事情。设定身体的目标，可以让你在将来的某个时间有很棒的身材；但是培养健身的习惯会成为一种生活方式。

你想到达的地方是目标；你想拥有的生活方式是习惯。所以目标和习惯大不相同，却同样非常重要。有意识地选择，然后执行它们会对你的人生产生巨大的积极影响。但当我们查看目标与习惯是如何互联，如何彼此支持、彼此影响时，我们会发现两者之间存在一个非常有力的反馈循环。这便是我们要介绍的：**"目标与习惯互助原则"**（目标对培养好习惯来说至关重要，而习惯对完成目标亦是如此）。

目标是培养正向习惯的关键，帮你设定你想拥有的习惯，而习惯也是实现目标的关键。等式的一边，你可以设定目标去培养好习惯，因为习惯是可以习得的。你可以主动意识到自己习惯性的思考和行为方式，然后有意识地选择丢掉坏习惯，引入好习惯，来掌控、支持你的人生。

大多好习惯都始于正确的目标。比如，你定下目标，一个月读一本好书。如果能坚持到底，这就会成为一种习惯。就像英国小说家简·奥斯汀所说："一开始我们养成了习惯，然后习惯就来成就我们。"同样，改掉一个坏习惯，就是设定目标来改掉它。

我决定不再吃糖果了！所以从现在开始，不会吃最爱吃的大白兔奶糖了。如果你一直坚持目标，说到做到，那你就可以改掉坏毛病了。通过设定目标，你可以"安装"或"删除"你的习惯，但一定是你自己想要这么做，是你自己的选择。很多人都意识不到，他们拥有这个强大的能力。他们的习惯通常形成于毫无意识中，也会毫无意识地表现出来。实际上，建立或删除自动化的小程序——习惯，在你的能力范围内完全是可控的，这是你能做的最重要的事情之一。

等式的另一边，你的习惯将决定你是否能完成目标、多快完成、付出多少来完成。如果你的目标是减掉20斤肉，那你日常的饮食和锻炼习惯则完完全全决定了你能不能实现和多快实现这个目标。

如果你的目标是想省钱买一个温馨小屋，你的财务习惯就会决定你能不能和能多快实现它；如果你的目标是要建立一种良好的恋爱关系，那你交流的习惯、联系的习惯、思考和说话的习惯、每天对待伴侣的习惯就起着决定性的作用。习惯就是幕后的魔术师，它们就是实现目标的发动机。所以，每一个好的目标，都应该有一个好的习惯来支撑它。记住，你的目标其实就是一个行动的指令，而植入一个习惯性的行为来支持你的目标，实际上就确保了行动的发生。当然，没有支持它的好习惯，你的目标也会实现，但是如果你想让这一切变得更简单、更省事一点儿的话，那就养成一个好习惯吧，这样就能让你的行为自动地去支持你的目标了。所以目标和习惯是相辅相成的。

我自己生活中就有这样一个例子。有一本书对我来说很有价值，我打算一个月内读完，但中途发现它很难读懂，读到三分之一就花了我五周的时间。糟糕的是我为此感到很沮丧，不知何时能读完，继续往下读的动力已经消失大半，没有一点儿成就感。这就像许多人心血来潮的时候想做一些事，但大多无法一直坚持。设定清晰明了的目标并不能帮助我实现它们，所以我决定养成习惯来支持我的目标。在接下来的30天里，我每天都早起一个小时来做这件事。不看邮件，不上网，不干任何其他的事，认认真真专注于这一个小时。结果我竟越读越快，用三周就读完了这本书。让我有点儿小激动的是，书读完了，我的习惯还在，我已经习惯了每天早上花一个小时在我最看重的事情上，这个好习惯转而被运用到下一项重要的事情上。我每天早上都去做，直到实现它们。现在，这已成了我永久性的习惯了。

这个习惯帮助我完成了多个目标，它就像一个很棒的目标完成器一样。我也因此可以自信地设定更大的目标，只因为我确实有一个好的习惯来支撑并完成这些目标，这个习惯确保了我的行动力。培养习惯是你生命中可实现的最有效的方法之一，立竿见影，足以改变你的生活。所以，现在就开始行动起来吧，让我们有意识地培养一些强大的习惯，来支撑我们的目标并保证行动力。

培养支持目标的习惯的最好方法是什么呢？习惯培养过程就如同目标设立过程，同样有三步：第一步，设立重要的习惯；第二步，设立能推动你的习惯；第三步，设立明智的习惯。只有一点大相径庭，习惯注重重复性行为，而目标注重结果，现在就让我们来详细说说这三步。

第一步，先设立重要的习惯。

你的人生是由你选择的习惯塑造的，所以你必须做出高杠杆点的选择。就像设立目标一样，高杠杆点是关键所在。确定那些会对你产生巨大的积极影响，帮助你做出最积极的改变，并真正推动你完成目标的习惯。有些目标确定其辅助习惯十分容易，比如说想减肥，可以养成节食和锻炼的习惯。但对其他目标来说，选择正确习惯就有些难了。例如，如果你最重要的目标之一是出售一套房产，什么习惯对这个目标来说有用呢？这不是特别明显，我告诉你一个可以依靠的通用策略：安排时间。卖房时我可以做什么呢？首先在一个清单上列出为推动这个项目我可以做的所有事情，然后提交一个进度时间表。例如每周日花上2～4个小时完成清单上的事情，如打电话、上网站、联系每个相关人，推动项目向前发展。这个习惯会确保你的行动向那个目标推进。当你完成了目标之后，习惯仍在，你就可以把它应用到下一个目标里，它就成了你的目标完成器。所以，习惯培养的最重要的一方面，是确定习惯是不是有用，必须养成那些推动目标前进并对你的生活有显著的积极影响的习惯。

第二步，要设立能推动你的习惯。

就像你的目标一样，一旦你选择了重要、有意义的习惯，就必须确保它能够推动你、激励你，让你付诸实践。这就和你的动因有关了，你必须要有激发行动的动因。就像你之前在"想去哪儿"中做的那样，你为什么要习惯这个新的行为？如果把这种行为变成你生命中的习惯，你会得到什么？如果不这样做，你会失去什么？这种动因是改变的关键。你必须要有一个极度强烈的情感动机，在艰难时刻和选择时刻给你帮助。相信我，当你试着在生命中建立一个新习惯时，会有很多这样的时刻。

所以是什么样的动因，让你希望自己能永久地养成这种习惯呢？我曾经有个大肚腩，肝脏和心脏也都感觉不适。因此，我培养出一些新的健康习惯，让我的身体状况逐渐变好。我的动因是什么？看着镜子中的自己，我对自己说："如果不改变的话，你的肝会很疼，你的心也很累，你可能随时会死。你的太太可能随时会没有丈夫，你的孩子很可能随时会失去父亲。如果你像以前那样身形矫健，再加上现在的头脑，就能创造出比现在美好10倍的生活，人生会多美好呀。"这个动因可以真正抑制你对奶糖的渴望，极大地保证你坚持的新行为。找出那个动因，那个最能赋予你内心力量的、保证你能将这个新行为坚持到底，并将其融入你生命中的动因吧。

第三步，设立明智（SMARTE）的习惯。

在选择了重要的习惯和能推动你的习惯之后，你就得把它变成一个明智的习惯，就如同明智的目标那样：具体的、可测量的、可实现的、有回报的、有时效性的和环境支持的。我们先快速回顾一下它们是怎么应用到习惯当中去的。

具体的：明确定义你想要建立的新习惯。必须要百分之百清晰，没有任何模糊。例如我要锻炼一个小时，从周一到周五，早上六点开始。

可测量的：你的习惯必须是可测量的和可量化的。"我会锻炼一个小时，早上六点开始，从周一到周五。"

可实现的：不要设立那些注定失败的习惯。要确保你有很大概率能成功。6点起来，锻炼一个小时，这对你来说是可行的，但是4点起来，锻炼3个小时，这恐怕不能成功。选择你可以真正实施的习惯。

有回报的：必须要有很可观的回报。在游戏任务的尽头，会有一大罐金币等你收取，让你在艰难选择的时候能走出来。当闹钟响起的时候，你得遵循自己的承诺，所以你要找到一个强大的动因。

有时效性的：习惯是有节奏的、积久渐成的行为，必须和特定的时间范围有关。习惯性行为通常限定在某个时间段内，一年、一季度、一月或一天。我限制我每天热量摄入量不超过一定的卡路里；我每天早上会冥想；我每周五会做瑜伽；我每周六会开一次会；我每月会做一次财务检查。

环境支持的：如果你想养成每天游泳半小时的习惯，可是你家周围没有游泳池，需要开车一个小时才能到最近的体育馆，那这个习惯就很难养成，付出的代价太高。也许养成一个每天早上跑步半小时的习惯更可行，因为跑步不一定要在体育馆里跑，一般的人行道也可以。

每一个习惯都需要有这三种属性，确保它们是重要的、能推动人的，并且是明智的。值得我们养成的第一大生活习惯是什么？就是在实现愿景的路上，每周至少一次用到我们的天赋、热爱和价值，并在"日记"中展现出它对你的贡献。如果一个都没能用上，那可能就要用上你的意志力进行自律了。做你想要做的事情，无论是否愿意，无论是否喜欢。我必须善意地提醒你，习惯在成为自动化行为之前，需要下功夫去开始和践行，你要预料到这一点。只需保持决心，坚持到底就行了。最难的部分是记住你的习惯，记住在最初的阶段坚持执行你的习惯，所以你要建立一个提醒系统，例如冰箱上的便条或"获得"里建立个养成某习惯的目标，或者要求你的伴侣或孩子提醒你。

坚持这个习惯，或邀请问责人跟进，直到它变成习惯性的行为。如果你半途跌倒了，那就重新站起来，再试，不断地重复。习惯是重复性的行为。只要你坚持得够久，让行为成为一种习惯，你就会需要越来越少的努力，越来越少的自律，最后几乎不需要了。想想对所有价值面的目标而言，有一个习惯帮你自动完成某事，不费吹灰之力，这是一件多么棒的事情啊！

如果你觉得自己没有足够的恒心和毅力，不够自律，建立一个习惯对你很难，那我建议你采用微习惯策略。例如每天看两页关注领域的书籍，取代每天看一小时的计划。前者显然不费什么意志力，很轻松就能完成。大脑不会对其有任何抵抗，因为它太容易完成了，从而在任何情况下你都能做到。微习惯要求极低，几乎肯定能够轻易养成，甚至超额完成。超额的部分还能带来更多的满足感。不知不觉间，随着时日的增加，超额也变成常额了。

你也可以尝试一下，如果想比较轻松地养成一个好习惯的话，微习惯是个简单到不可能失败的自我管理策略。每日一问如何？每天读个金句如何？每天写篇50字左右的"日记"如何？最简单的增加幸福感的微习惯就是每天记下三件让你感到感激的事情，有人称之为"丰盛日记"。做自己的"史官"，记录自己在人生之旅中创造的美好生活吧。尼采说，每个不曾起舞的日子，都是对人生的辜负。没准儿你会发现，自己还真有写作的天赋，这一路你会收获很多惊喜，生命之花也会因此越开越艳。

我把"微习惯"的养成过程描绘为"微开始，慢进展，稳结果"。它与"以终为始"正好相反，却也是极具意义的做事方法。前者并不需要玩家耗费很多的意志力，也不需要玩家具有很强的动力，因而进入门槛很低，更容易吸引玩家尝试和投入。玩家的初始体验好，在新产品推广时就可能被广泛采用。

那如何确认一个习惯已经养成并入主你的潜意识了呢？让我们在此借鉴下斯蒂芬·盖斯在《微习惯》这本书中提到的，代表行为已成习惯的信号有：

1.没有抵触情绪：有时甚至觉得不做会有点儿不舒服。

2.身份认同：你认同该行为，甚至自称喜欢、擅长做，"我爱看书""我挺会玩健腹机的"。

3.行动时，无须考虑：你不需要做出有意识的决策，就能开始行动。

4.你不再担心了：刚开始，你会担心自己是否会中途放弃，或某天错过；但当行为变成习惯时，即便某天有紧急情况令你无法坚持，你也不必担心，因为你知道明天就会恢复正常，之后也会持续做下去。

同时，我们还要注意戒掉坏习惯。美国杰出的政治家、哲学家、物理学家本杰明·富兰克林说过："每年，及时改掉一个坏习惯，会让一个糟糕的人完全变好。"现在，让我们花点儿时间探究下，如何打破那些阻碍我们完成目标的坏习惯，改掉那些阻碍我们过上想要的生活的消极行为。

它们是非常难对付的，原因之一是你需要抵御那种及时满足的诱惑。如果你想改掉一个坏习惯，你要做的第一件事就是鼓起勇气找出它，并承认它。承认自己生活中哪些地方不对，是件并不好玩、也不容易的事，因为习惯是无形的，是日常生活中自然的一部分。这也是问题所在：我们需要认知自身。我们需要认知自己和自己的坏习惯，定义它们，改掉它们，在它们摧毁我们之前将其摧毁。

所以，什么坏习惯正在阻止你达成目标呢？仔细观察一下你日常的行为举止。你在哪里卡住了？为什么会卡住？勇敢面对它。有勇气找出你需要改掉的坏习惯，就可以实现你的人生愿景，完成你为自己设立的重要目标。一旦识别了一个坏习惯，改掉它最简单的方法，就是在同一时间段引入另外一种行为模式。

有句诗说："一个钉子赶走另一个钉子，一个习惯赶走另一个习惯。"所以，如果你想改掉一个坏习惯，例如晚上看电视时喝啤酒，只要选择不喝酒而是喝茶，就可以将坏习惯变成一个积极的好习惯了。

最重要的是发现自己身上的坏习惯，你必须在它开始发生和停止的时候注意到它。这是抉择时刻，正是这种抉择时刻，让你有机会引入新的反应。你必须认知你自己，并采取新的行动去替代旧的行为，从而更加走近你的人生愿景。然后，就开始行动吧，不管你是否愿意，是否方便，想想你的动因，坚持你的计划。开始的时候可能会有点儿难，但是会越来越容易的。很快，这个新的行为就会变成日常行为，你的生活会永久而深刻地得到改变。

马克·吐温说过："习惯就是习惯，不是任何人可以直接扔出窗外的，需要哄着一步一步下楼梯。"这句话大部分时间是对的，但也有例外。有一种捷径，并不适用于所有情况，但有时肯定适用，这个捷径就是立即停止坏习惯！如果你想停止吸烟，那就停止，不要把香烟放进嘴里。如果你体重超标，就立即结束这种状况，停止吃甜食，停止去快餐店。同时，我想告诉你，人们会低估对自己的控制力。当他们完全有能力掌控自身时，却表现出软弱和放纵。晚上临睡之前吃了一个冰激凌的原因，真的就是爱人没有和你道晚安吗？你想要减肥的话，就此打住。这样的想法可以让你摒弃旧习惯：我需要去除生命中的某种需求。知道吗？你能控制自己。你正在做你不喜欢的事，你得对此负责。没有人强迫你做任何事，没有人可以控制你的双手，没有人可以控制你的嘴，没有人可以控制你的言语、思想或行为，但你自己可以。

我们不需要忍受任何我们不想与之为伍的坏习惯。现在是21世纪，人类拥有有史以来最好的资源——丰富的信息和丰富的资源。大多数资源是免费的，而且可以光速获取。如果你想减肥，可以选择无数减肥计划中的任何一个来帮助你；如果你是一个剁手党，习惯性的"月光"，总是把自己的财务状况搞得一团糟，就可以从无数计划中选择一个帮你改善这一状况。作为一个成年人，你没有任何理由忍受一个阻碍你完成目标的坏习惯。

还有一个去除坏习惯的方法，脑中想象自己处于一个很不舒服的场景中，然后将坏习惯与此场景链接为心锚。一旦坏习惯出现，那个特别讨厌的场景就会立刻出现，从而激起你的强烈反感，让你不想继续，只想离开那个场景，就此停止习惯行为。比如一抽烟，那个令人呕吐的垃圾箱就会在脑海中出现。

习惯能帮我们实现目标，而设立目标又能帮我们养成好习惯，甚至帮我们改掉阻碍实现目标的坏习惯。习惯培养是生活中最重要的任务之一。你准备好让它扎根于生活中了吗？你准备好培养帮你实现目标的强大习惯了吗？它能让你越活越顺！它是你迈向成功的基础。

游戏伙伴：人生是个团队"副本"

从开始到现在，我们主要聚焦在作为单独个体的你。现在开始，焦点从作为一个个体的你，单个游戏玩家，转变成了作为群体一部分的你，多人游戏中的你。我要告诉你，成为"大赢家"的关键其实是依赖其他玩家，尤其是遇到贵人之后，人生更容易开挂。但是驾驭"他人型坐骑"❶可不总是件容易的事，你必须想方设法才能让别人愿意帮助你，如晒晒你的"内在三宝"或者其他资源，把自己推销出去。不要把重心完全放在自己身上，要向外部世界敞开胸怀，从自身因素之外去寻找成功之路，吸收外部的资源。我在此列举了如下游戏场中你可能需要依赖其他玩家的场景。你会出乎意料地发现，几乎没有一个游戏场是纯单人游

---

❶ 引自艾·里斯·杰克·特劳特所著的《人生定位：特劳特教你营销自己》。

戏的世界：

1.身体：聘请妈妈或太太做"首席营养官"，负责你的膳食营养；聘请专业健身教练；在医院挂个专家号；全面检查身体健康等。

2.智力：你喜欢你的班主任吗？他认可你吗？如果你在上学时生病了，就需要别人帮你补课；报考成为某博士生导师的学生。

3.情绪：情绪是会传染的，所以你希望与情绪比较稳定的人成为同事、好友或者伴侣。

4.性格：你想要塑造的优秀性格来源于你选择的经历。如果你想要"守序""勇敢"的性格，可以选择从军。长时间参与某个线下游戏对塑造你的性格尤为明显。谁是游戏的设计者呢？谁是你的"领队"呢？他对你性格的塑造显得尤为关键。他可能是你的母亲、父亲、老师、领导等。

5.心灵：你追随谁，将极大地影响你想成为什么样的人。谁是你的人生导师？你最敬仰谁？你想拜在哪位大师的门下？

6.为人子女：你在这个价值面能取得的成绩将很大程度上取决于你的父母是谁，他们是否愿意通过成就你来成就他们"为人父母"的愿景。很多时候，这是个很有挑战的游戏，因为你们属于不同时代的人，成长的游戏场景差异很大，大脑操作系统里的信念、价值观、规条都可能迥异。这是个三人游戏。

7.为人父母：同理，你在这个价值面能取得的成绩将很大程度上取决于你的孩子，他们想成为谁，他们是否愿意通过成就你来成就他们"为人子女"的愿景。这至少是个双人游戏。

8.爱与被爱：毫无疑问，你在这个价值面获得的满意度极大地取决你的爱人是谁，他想成为谁。在现代社会这是个典型的双人游戏，我们必须依赖对方获得双打成绩。

9.伙伴：你的同事是谁？他是个愿意成就彼此的人吗？你能与他一起奔向共赢吗？你的老板呢？你的好朋友呢？你从小一起玩到大的（表）姐（表）弟呢？如果你有位亲戚正好经营着一家不错的企业，他能让你加入其中吗？

10.事业：你能让面试官感觉你是个值得雇用的人吗？你能让领导认为你是众多下属中值得提拔的那位吗？作为一名创客，你有好的产品创意，但还是得依靠他人鉴定该创意或者该产品的价值。你个人也不能完成独自销售，得靠他人来购买。

11.品味生活：你所享受的高级产品和服务的品质都取决于提供它们的人是谁。是否安全可靠？是否有高额的隐形成本？是否有损身心健康？我们几乎不可能在一个其他玩家都不开心的游戏场里独自游玩，那很危险。

12.未来：未来的生活场景是我们所有玩家共同创造的。

游戏思维 GAME THINKING

　　综上所述，想成为人生赢家我们必须要获得他人的帮助，我们也不可能独自成为真正的人生赢家。只有其他玩家也踏上赢家之路，我们才有可能成为"大赢家"。那么，谁可以充当你的"他人型坐骑"，助你越活越好呢？或许是你的老板、同事、朋友或是家人，甚至是陌生人。你有注意到他们的内部资源吗，如"内在三宝"？你有了解到他们的"需求"吗？你有注意到他们可以"供给"的东西吗？那也许是你成功将自己推销出去的第一步。"成人达己"是继"成己达人"后的高潮部分，是成就彼此的共振部分。

　　如果你玩过MMORPG（大型多人在线游戏），会发现有一群玩家常年霸占着顶级玩家的位置，这些玩家有大量的追随者，很多玩家都在模仿他们的策略，努力攀登排行榜。这与生活游戏很相似，在线下世界中，我们也追寻并模仿着巨人们。例如，大多数大型多人在线游戏都有一个特性，允许你组建团队，以承担挑战性任务。新玩家可以利用这一功能从更成熟的玩家那里获得帮助，这样他们就能用自己的力量完成不可能完成的任务，在外部支持下挑战与自己能力不成比例的困难，快速增长就是这样来的。你也可以这样做，刻意寻找比你更聪明、更有知识、更有能力的人。这些人将成为你的目标或愿景实现的合伙人、教练、顾问或导师。不要为与更有成就的人共事而感到害怕——你只会从他们那里获益。成功的秘诀是努力奋斗加贵人相助，自己走百步不如贵人帮一步，有人帮助可以让你少走弯路。正如美国第一代激励大师吉姆·罗恩所说："你是与你共度时光最多的五个人中的平均数。"所以做房间里最笨的人不失为一个好策略。我们从大师们身上学到了很多东西，这不能说明我们就没有智慧。大师和你我一样，他们只是弄明白了人生的一两个方面，在其他方面，他们也还在努力着。他们在特定的一个领域可能很厉害，但是想要弄明白其他领域的东西，还有很长一段路要走呢，就像你我一样。

比起个人来说，社群创造智慧更高效。为什么？因为没有人比所有人都聪明。没有哪一个人能给你所需要的所有答案，但是一个群体可以。我们共享智慧和资源，就没有什么是弄不明白的，答案就在那里，群体可以一起找到它们。不管你具体的目标是什么，在社群里肯定有个人已经做过了。你想有成功的事业？已经有人做到了。你想创造良好的恋爱关系？有人知道怎样去实现。你可以用最老套的方式：这边试试，那边尝尝，最后把该犯的错都犯了，自己被搞得遍体鳞伤；或者你可以走出自己的世界，汲取那些成功人士的经验，看他们是怎么做的，然后运用到自己身上。"听君一席话，胜读十年书"，你很可能在几天之内就得到别人数十年的知识或经验，这些知识还可能正是你最需要的。在社群中，你还可以发展专业技能，在你最需要的领域把自己变成达人。在社群里，到处都是老师，他们所知道的东西值得你反复学习，而且这些可以相当轻易地实现。我甚至可以告诉你，在社群里，我已经从别的GIP/VIP❶那里学到了一些能让生活发生翻天覆地变化的智慧，它们完完全全地改变了我的生活方式。许多我与之斗争多年无果的挑战，在一天之内突然就解决了。

我们所有人都会在人生旅途中遭遇困境和挫折，在实现目标的道路上，我们会被困难打击，这就是整个人生旅程中的一部分。在艰难的时候，我们可以相互陪伴，一起承担困难，一起走出困境，一起实现成功，这就是社群的功能。在教育叛逆的青少年或者是遇上经济问题的时候，你需要帮助吗？在家庭问题上，你需要建议吗？或者你的健康状况不佳？社群里的某个人也曾做过这些事，社群里可行的策略能帮助你为之一振，甚至会助你迎难而上。

我们还可以为彼此赋能：我们可以相互监督着做事。最有效的策略是向社群公开你的目标，并要求他们监督你。当然，最理

---

❶ 一起实现目标（Goal）或愿景（Vision）的玩家被称为"GIP/VIP"（目标/愿景实现合伙人）。

想的问责人莫过于与你目标相同的人，也就是GIP。向社群公开目标并要求监督，会大幅度提升你的表现以及成功的概率。道理很简单，如果你要给他人一个答复，那你就得加倍的努力。没有人想承认自己没做到承诺的事，每个人都想说：我做到了，我实现了我的目标。从个人经历上我可以告诉你，社群监督将是你巨大的财富，他们会确保你把该做的都做了。他们不会和你谈判，也不听借口，他们只关心一件事，那就是最终你有没有做到。他们会帮助你保持前进的正确方向，让你专注于重要的事，而非仅仅是无意义的忙碌。对未能达成的结果不要找任何理由。这种机制将会为你实现人生愿景带来巨大的可能性。

受金刚智慧经营大师麦克尔·罗奇格西的启迪，当你有个目标或愿景不能实现的时候，建议在社区里找到个有类似目标或愿景之人，帮助对方实现。在帮助对方的过程中，你会常常冥想及回忆帮助对方实现愿景的画面；对方也同样如此。这样，你们的目标及愿景都能渐渐实现。这是个典型的双人游戏，我将其称为**"你得—我得原则"**（如果你想得到你得不到的，就去帮助别人得到它）。

有段时间我决定收购一家人力资源公司，帮助别人找到理想的工作，事实证明这就是我理想的工作。同样，我想成为人生赢家，我就用一家公司帮助他人成为人生赢家。如果你想找个理想的伴侣，可以去婚介公司帮他人找到理想的伴侣。是不是很有意思？它可以帮助你从困境中走出，通过玩双人／多人游戏来实现自己的愿想。

我们还可以积极地记录下我们曾经的美好生活片段，并在社群里分享。当你将新学的原则应用到生活实践中时，这种体验可以通过日记分享给大家，成己达人；也可以将新学到的人际技巧应用到与陌生人的交往中去，将你体会到的痒点、沸点描绘出来，带给大家欣喜，社群就多了一份快乐；你将自己实现目标的成就分享给大家，大家都称赞你，也给大家带来了正能量。你的分享很可能成为他人实现愿景的原料，也是满足他人需求的资源。作为社群的一分子，我们通过活出更好的自己对社群做出贡献，也因此获得点赞、粉丝等奖励。这就是投资真我和活出真我的回报。

人是社会性的动物，如果一个人独立生活，难道要自己印刷书本、自己做衣服、自己耕田吗？人不能离开社会生活，因而每个人都有责任去分享和共享。如果我们只是把这些智慧保存在内心深处，自己消耗而不拿出来分享的话，那么愿景就很难甚至无法实现。

你的参与很重要，社群也需要你参与进来。社群需要其中的每个人都分享出最好的自己，这就是一起学习和成长的方式。社群中的人都盼望着你分享你知道的东西，共享你拥有的资源，这是作为 GIP/VIP 很重要的一部分。如果你悟出一个新的或者更好的做事方法，不管是新的饮食配方，还是能让孩子准时上床睡觉的新方法，或者你在心灵上的突破，我们都想知道，这些东西对别人来说可能都有价值。

你能把有价值的东西引入社群吗？你怎样帮助伙伴，怎样满足他们的需求呢？我向你保证，同社群成员分享你的体验和共享你的资源，会让你产生满足感，甚至成就一番事业。它会提升你的自我存在感，让你觉得自己是如此有价值和被需要。把你知道的、擅长的，甚至你觉得理所当然的事情都分享出来，这些东西很可能就是别人缺失的东西。在群体里，你可以因而对别人的人生产生巨大的影响。

"伙伴"是我们需要经营的十三个价值面之一。我们可邀请他们加入我们，一起踏上"玩赢人生"之旅，同时也更加丰富了我们的资源。同行的玩家越多，就有越多的智慧和阅历在社群平台上分享。你周围的人也可以用游戏思维开启真我生活方式，生活也可以有一个永久性的、深刻的变化，你也可以因而对他们的人生产生巨大的影响。

同样，我们也不能让那些不懂得我们在乎什么，不理解我们愿景生活的人作为伙伴。我不希望我的生活里有那种搞不清楚自己想要什么的人。我喜欢被那些像我一样渴望非凡生活的人围绕着，否则我就不能被理解，不能与我同频共振。

为了实现美好的理想生活，你必须经营这种人际关系。爱人，同学，朋友，同事？没有谁的人生是一个人的人生。为了让自己活得更好，谁能加入你的社群？当然，这同时也是为他们好。现在你可以思考一下这些。

当你在生活的这十三个方面变得越来越好时，人们会注意到的。他们会注意到你的不同，会注意到你的生活方式很不一样，而且真的变好了。也可能有的人就是不喜欢这样，他们会觉得在你身边待着不舒服。也有些人会嫉妒你，在你身边会让他们觉得自己的生活没有安全感。你会对此习以为常的。大部分人会看到的还是你生活中的转变，他们也想拥有你现在所拥有的，他们会想知道你的秘方是什么，想知道你身上发生了什么，想知道为什么你的生活如此美好。当你看到他们的时候，你可能会想起自己在拥抱游戏思维之前的样子。有些人真心想拥有精彩的生活，也愿意为之努力。他们所需要的就是一个能帮助他们实现这些的榜样。你要做的就是向这些人分享。他们正翘首以盼，等你来教他们怎样做。他们在寻找希望、寻找突破、寻找属于他们的生活。最重要的是，这些人都是你的至爱之人。你的另一半、最好的朋友、兄弟姐妹、同学、同事，你想让他们拥有这样的生活，送给

他们这个很有帮助的礼物。这样会让你们的关系更稳固，成为成就彼此的人生伙伴。

你爱谁？想和谁一起共同进步？你最关心谁？把他们带进来，让他们的存在变得更有意义。我们做的事情真的很重要，顺应着现代社会的需要，有责任感的人们通过改变自己来让整个世界变得更好。社群比我们个体要大得多，而我们所做的事使我们与众不同。我们也许只是百分之一中的某一个，人群中的一小部分。但我们也充分地发展着自己，努力成为最好的自己，充实自己的生命。这就创造了许多之前不存在的、新的、好的、积极的事物。这还不够高大上吗？还有什么比通过成为最好的自己，对世界做出贡献，更有价值和意义呢？

你可能见过图 14 这三个数学等式：$(1+0.01)^{365}=37.8$ ；$(1-0.01)^{365}=0.03$ 和 $(1+0.01+0.01)^{365}=1377$。这几个算式体现了世界上最强大的法则——**"复利原理"**（做事情 A，会导致结果 B；而结果 B，又会反过来加强 A，不断循环）。此原理说明时间能带来一切。

首先看 $(1+0.01)^{365}=37.8$。如果用 0.01 代表每天的"日事项"对同一目标的贡献值，365 天后，年目标的价值是现价值的 37.8 倍。如果你有远大的目标，且不懈努力，那 365 天后，就可以让人惊叹。它是指数级的增长，足见坚持目标的巨大能量。

$(1-0.01)^{365}=0.03$ 同样很有意义。根据熵增原理，如果你没有目标，则意味着你的秩序系统每天会自动消散 0.01，就那么一点点，可能你都没有察觉，但是一年之后发生了什么呢？1 变成了 0.03，多么可怕。有目标与没目标之间的年差异是 37.8/0.03=1260 倍。虽然实际可能差别没有这个数字那么大，但这个数字本身也很说明问题，这就是真我人生与普通人生之间的巨大差别。

如果在实现目标的途中，你不仅靠自己的努力，还积极在社群中引用其他资源，如与其他人分工合作、外包事项到共享、采购所需物资等，在成就自己的人生过程中，成就了社群中其他人的事业。这些也可构成另一个 0.01 的价值，在 365 天后，你与他人合作取得的成就是仅靠自己努力的 1377/37=37 倍。这就是成人达己的力量！它带给你的回报比自给自足要高出几十倍，你也就成了大赢家！

一起组成的社群会是个美好的生态世界。这点与某扑克游戏打造赢家的玩法是一致的：没有弃牌的玩家用自己手上的 2 张手牌（底牌，代表自己的资源）和桌上 5 张公共牌（代表外部资源），组合出最大的五张成牌，最大者获胜。

整合资源 / 单干 =37 倍

（ $1+0.01+0.01$ ）^{365}=1377.4

每天朝着目标前进一点（0.01）
其他资源的帮助（包括VIP0.01）

有目标 / 没目标 =1250 倍

（ $1+0.01$ ）^{365}=37.8

每天朝着目标前进一点 =0.01
一年 =（ $1-0.01$ ）^{365}=0.03
熵增原理（ -0.01 ）/ 没有目标

图14

第六章

CHAPTER 06

对『游戏思维』的更多探索

『一种文化若能成功确立起一套目标和规则，不但能吸引其成员，又能配合他们的技巧层次，使他们能经常感受到强烈的心流，那么它就更接近游戏了。在这种情形下，我们可以说文化已变成了一场伟大的游戏。』

——米哈里·契克森米哈赖

《心流》作者

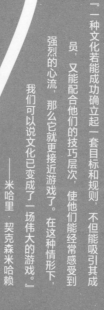

不知不觉中我们已经行进到收尾部分。在这最后一章里，我们会对游戏思维做进一步的可能性探索。首先借几个常见游戏带你感悟人生；之后揭示人生应当是趟享受的旅程，并分享游戏思维在生活中给我带来的众多好处；最后我将阐述我的畅想——在游戏思维的指导下，打造助人成就人生的App。

在游戏中感悟人生

※

人生其实也可以是一场拼图游戏，这个美"图"看上去是什么样子的？为什么要拼？我从哪儿开始拼？用什么拼？怎么拼？和谁一起拼？打算拼多久？怎么拼才好玩，无论如何我们都必须一步一步地去拼。如果把除"未来"之外的十二个价值面想象成图15这个有十二个大空格的拼图游戏板，大家把自己的内部资源和外部资源都放在这个3×4的大方格之外的游戏场中，那么我们的"未来"就取决于我们共同玩这个拼图游戏的结果。拼得越好，那么作为社会主体的"人力"环境就越好，输出的内外资源也越好，我们游戏场的环境就会越好，那这个环境给我们带来的"未来"也就越好。"未来"包括两部分：未来的我和未来我所处的环境，它们是鸡生蛋和蛋生鸡的关系，很有意思吧？相反，如果我们共享出来的不是高质量的内部资源，而是抱怨、嫉妒、仇恨等低质量的内部资源，那我们所处的游戏场就不是友善的，我们的未来也就不可能美好。因此，他人的生活方式对我们的未来也有影响，并非与我们无关。

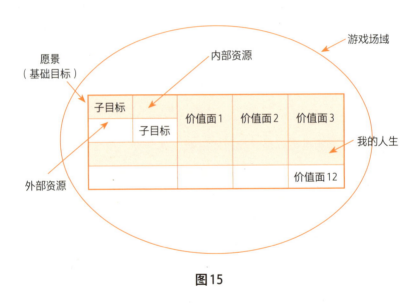

图15

游戏思维带来的新生活方式将引导你用自己的东西填满其中一些格子，包括你对每个价值面的基本信念、你的愿景、你的动因、你的策略、你的特质、你的好习惯等内外资源。我们不会把具体的意识形态、人生观或者策略强加于你。我们不会告诉你，你的人生愿景应该怎样，或者教给你具体的信念。相反，我们给你提供一个空的框架，帮你创造非凡的事物。你自己的那些愿景、目标和事项，你用内外资源去填充，然后在这趟"玩赢人生"之旅中，将自己变得越来越好。当你精炼你的选择，你就会变得越来越聪明，越来越有智慧，越来越有经验。若你精细地调整生活的每个方面，很多时候甚至能一举多得。

或者，生活也可以犹如一个十二面魔方。这个魔方的每个侧面都代表一个价值面，整体代表"未来"价值面，那么生活就犹如玩魔方，某个侧面拼成同色代表生活的这个方面经营至满意状态，同时别的侧面却乱了花色，代表混乱和无序。就如我们经营好事业的同时却不能做好为人父母；生活高手就是能同时让2个侧面甚至3个、4个，直至12个侧面都同色。魔方高手玩家是可以做到的，而且有精确算法告诉你怎么做到。对的，你没看错，有算法！其实，这也预示着将生活的各个方面都经营好是有可能的，是有方法可循的，成为人生赢家更是大有可能！尽管人生游戏途中你会犯错，甚至遭遇阶段性"失败"，同时也是个使你能成功，甚至在屡次尝试后最终获得胜利的游戏。

其实，在我看来玩人生游戏有三个目的：第一个是追求自己想要的；第二个就是抛弃不想要的；第三个就是享受当下的。在实现第一个目标时，你有如在玩"飞镖"游戏。靶心区域就是我们想要的理想事物，投中获得十分！如果每个飞镖代表一个价值面，那我们投掷全部十三个飞镖的过程，就是实现理想生活的过程。

最终，十三个飞镖得到的总分就是我们生活的总体水平。也许刚开始你瞄得不太准，手容易发抖，或者心里不平静，特别是有PK对象时。但只要你一局局重复地玩，不断地调整，你的成绩就会越来越好。这正如我们每天对生活不断反思、继续精进，日子就能越过越好。

实现第二个愿景就有如大家玩的俄罗斯方块游戏，从上面不断掉落的方块就是不以我们意志为转移的人生"挑战"。你左右移动，瞄准，将其与底部的方块进行对接，则是你找出和提供解决方案的过程。对接得好，就消除了挑战，否则它们会持续累积，直到最后失败。庆幸的是，在玩赢人生游戏中，有很多消除方块挑战的道、法、术、器、势，让你成为玩转俄罗斯方块的高手、达人，甚至满级赢家。

在专注地玩这两款游戏时，你就已经进入"心流"的状态，享受当下的快乐，实现了第三个愿想。

人生应是一场享受

人生是场游戏，那你的注意力不仅在目的地，更在旅途中。我们为什么玩游戏？因为游戏可以娱乐自我、挑战自我，或者制造和朋友相聚的机会。本质上，我们所追求的是体验，而不是游戏这个产品本身。所以我非常坚信活在当下、体验现在的生活是人生游戏的重要活法之一。有些人努力是为了弥补过去的缺憾，还有些人正在努力工作以取得成功，以便日后能够快乐。"玩赢人生"游戏将这三者统一为一体：让你在追求成功的路上，享受当下；将过去变为资源，成为成功的基石；建立积极的愿景或目标来引导我们的行动，使其集中于长远增长，而不仅仅是瞬间的满足。

每一场比赛都有一个总的目标。对于扑克来说，目标就是赢得所有筹码；对于纵横字谜来说，就是把每个线索的答案都填上；下棋则是把对手的国王将死。目标指导行为，这样就避免了你仅为了体验而做愚蠢的事。人生目标的存在，确保你的行动都是有益的，同时仍不忘专注于生活的旅程本身。这段旅程可能包括不适甚至是痛苦，但记住，只要挑战使生活更有价值，且有助于目标的实现，那么这段旅程就将是值得的。

小提示

√看着愿景和目标，活好今天

√将过去转化为资源

√超越自我，不断进阶

√借鉴达人和赢家，不复制

√偶尔和他人比较下

√主动选择游戏，设计游戏

√意识当家，不被思维绑架

图16

　　每个人都向往更美好的生活，虽然这可能意味着你需要穿过一片森林才能抵达向往之地。大多数人因为害怕途中的风险而原地不动；有些人好不容易鼓起了勇气，却在穿越森林的途中深感恐惧和焦虑，从而影响了大部分人生的质量。"玩赢之旅"带给你的感觉则不同。你像是和一群小伙伴一起穿越五彩缤纷的森林公园，途中通过成就彼此和实现一个个小目标，让美好的生活愿景水到渠成。这个过程是一次非常享受的心流体验，同时内心充实而丰沛。这和大多数人焦虑、无聊或匮乏的生活体验截然相反：前者是自己主动追求向往的理想生活，是人生游戏的创造者，是核心玩家；后者是被动反应者，是被游戏者。

而为什么"人生"游戏注定好玩呢？因为它涵盖了游戏化设计专家周郁凯在《游戏化实战》中提出的八大核心驱动力：

1.巨大意义

它是一个成人达己、成己达人的游戏，是一个多赢的"正和"游戏，而不是个"零和"游戏。当你努力提高自己价值面等级的时候，也就是满足自己的需求时，你为其他人提供了供给，成就了其他人的事业需求。

2.进步与成就感

它帮助你在身体及心灵上全方位获得提升，学习技能，克服挑战。当你考上自己理想的大学；当你嫁给/娶到自己理想的爱人；当你住上自己理想的大房子；这些都让你体会到满满的成就感。

3.创意授权与反馈

它让你自己选择想扮演的角色，树立什么愿景，采取什么策略去实现等，满满的参与感。你是你人生公司的CEO，你决定，你承担损益。当你将创造出来的生活在社群里展现出来时，将会收到来自众多玩家的反馈：点赞、评论、转发、私聊，甚至购买你用过的资源等。

4.拥有感

在"玩赢之旅"游戏中，你可以一路收藏很多你认为有价值的内部和外部资源，包括但不限于传授技巧的视频、文章等；藏在你身上的各种天赋、热爱和价值观；各类思维模式、原则、原理、定律等。你会觉得越来越富有，内心充实而自信。

5.社交影响与关联性

"玩赢之旅"有四个游戏场是关于人际交往的，市场上的众多社交平台更是为提供社交影响带来了无限可能性。

6.稀缺性与渴望

在这个游戏中，你用世上独一无二的你，创造出源自你基因的原创人生游戏脚本，创造出非凡的、杰出的、绚丽的、神奇的人生故事，这非常了不起，不是一般人所能做到的。你完全可以坚信自己必将取得令人自豪的成就，而你的非凡也是他人的养分，是稀有元素，是对人类文明的贡献。如果你想在下一轮人生游戏中争取到优先选择权并占据有利的起点，那你最好在今生的游戏中勇夺高分。

7. 未知性与好奇心

你将在能力范围内活出怎样一个最好的你？你会遇到什么样的爱人？你能找到心灵伴侣吗？你将拥有什么样的伙伴队伍呢？你的事业将会为社会带来多大的贡献吗？你能想象因为活得好而越来越有钱吗？你知道当下活得好会给未来种下多强大的种子吗？你能想象将有多少人因为你活得好而活得更好吗？你能想象你会为你取得的成就感到多么自豪吗？只要你探寻，尽力活出真我，就能获得这些问题的答案。尽管它们现在是不确定的，但答案却会在你人生游戏的途中逐步显露出来。

8. 亏损与逃避心

鉴于今生只此一回，你不想掉进太多的坑，有太多的悔恨，或度过平淡无奇的一生。你本可以活得更好，甚至超好，最遗憾的事，莫过于错过了，回不去了。为了避免《人生模拟器》游戏结束时提到的众多人生遗憾，看见自己喜欢的对象就去追求。人生最大的遗憾不是没能得到，而是本可以得到，但你没去努力尝试。

游戏思维改变了我

比起深究世界是否是个游戏场这种永远无法证伪的命题，看到"游戏思维"能给我们的人生/生命/生活带来什么好处会更有意义。以下列举了我亲身体会到的八大好处，它们让我遇到一个更好的自己：

1.中道

不骄狂、不自卑。它让我无论是在赢还是输的时候，心态上都能保持"中道"，不会在体会到沸点时变得骄狂，也不会在体会到痛点时很失落，对待生活常保持微笑；对待他人的"赢"，不会很嫉妒；对待他人的"输"，也不会太看低。

2. 用"资源"观看待周围的事物

在人生游戏中，我们为实现目标而拼接各类资源。包括但不限于内部资源，如热爱、天赋、价值、好习惯、专业技能、金句、原则/原理、技巧等；外部资源（道具），如资讯、活动、课程、服务、工作、实物、宠物、虚物等。

3. 积极乐观地应对挑战

任何游戏设计出来都是帮助玩家体验赢的，就像考卷的设计者——老师希望他的学生能考好一样。有人抱怨说因为周边环境存在挑战，如物价太贵，所以感到不幸福；大多数人在看到挑战时会选择绕开，而这往往也意味着和更多的人竞争。其实挑战算是成就感的"曾用名"。游戏有趣的唯一原因是它能让你参与挑战，无论是扑克、拼字游戏还是电子游戏，游戏只有在挑战你的时候才是有趣的。移除游戏中的所有挑战，这就成了一个毫无意义的活动。挑战和问题并不会阻止人们过上幸福而充实的生活，恰恰是带来幸福而充实的原因。不要抱怨你遇到的挑战有多困难，尽情享受这些挑战是你参与人生游戏的意义所在。如果没有这些挑战，生活将是一种枯燥、毫无意义的活动。正如美国著名演说家金克拉所说："幸福不是开心，而是胜利。"拥有了这种观点后，就不会被生活中的沮丧、压力、烦恼压垮，因为它们出现的本质目的是带给你成就和快感。想想你在电子游戏中是如何战胜它们的，而且有很多人都通过了这关，你也只需找到相应的"攻略"即可。更何况，它们注定是存在的，这也印证了这么一句话："人生除了生死，就没有过不去的坎儿。"

4.生活可把控

在游戏中总有很多事物你是可以把控的，如角色的选择、装备、道具、伙伴等，这就给积极的人生注入了正能量，不会陷入"宿命论"的泥潭之中。

5.接受冲突

无冲突，不游戏。游戏观让我们很坦然地接受冲突，把它当作世界的基调，而和谐或一致性则是我们努力达成的愿景或目标。这让我们能坦然地面对他人对我们的非议，内心自然就会变得强大。

6.行为有弹性

在游戏中，闯关不成功，我们会尝试别的招式，行为也因此变得有弹性，不去死磕，让问题更容易得到解决。

7.消除抑郁

很少听说谁玩游戏玩抑郁了。抑郁主要来自对生活的无力感，而游戏则带给人强烈的感受、成果甚至意义。

8.拿得起，放得下

你既可以享受游戏，也可以停止游戏。游戏就是个游戏，你很享受它，但你的理性认知也告诉你，不要太沉迷，这就让你有时可以停下忙碌，抽离出来，以出世的眼光来看世界，例如冥想、坐禅等。

相信聪明的你一定能想出或体会到，游戏思维能带来的更多好处，例如激发你的潜能，我坚信拥有游戏思维能将你的人生带上一个新的台阶。

对未来的一些展望

将来我想打造一款名为"玩赢人生"的App，在其中打造一个理想社区。里面的"内容"来自众多自媒体，以短小精悍为主要风格；推荐算法以每位玩家的特质为基本依据，推荐的内容，不仅仅投其所好，还能用于投其所需、长其所长、补其所短。兼具"妈妈"的"溺爱"，还有"爸爸"的"大爱"。在那儿大家能清楚地明白彼此的需求（愿景、目标、事项）和供给，并共享彼此的资源以满足彼此的需求，成就彼此。长此以往，人人都可以实现真我生活。我们都需要居住在正能量的社区里，虽然已经有了许多愿景导向生活的精彩范例，但仍需要更多有意义、有成果、有原则指导的生活典范。

此外，大家拥有可参考的"攻略"和循序渐进的范例，从而学习、设计属于自己的可行的人生游戏脚本。他们会学着去做，并在自我发现中成长。正能量会一点点渗透，帮助他们摆脱恐惧的羁绊，取而代之的是勇气和希望，让他们可以走出舒适区，了解如何实施、履行生活目标。此类社区可以激励大家互相支持追求正向的目标，所以大家可以把这个社区当作实现自己独特而完美未来的加油站。

说到我们对这个社区的愿景，它将具有以下特征：

1.它是一个生态级平台，一个给每个人和每个组织提供创造价值和满足需求的共生系统，是比现实世界更美好的平行世界。

2.人人都是个人品牌；人人都是自媒体，传播美好生活；人人都是渠道商，传递上好资源。

3.产生以"我"为核心的信息流。你并不需要到专门的媒体平台上去看头条新闻。头条是否值得阅读取决于对你是否有价值，能否满足你的需求，包括潜在的需求。当你把自己的需求公开时，会有无数资源向你涌来。轻松把事办结了，幸福感顿时陡增。

4.短板原理和长板原理将共同发挥作用。当你在通过接收别人的长板来提高自己的短板，从而提高自己的综合生活水平时，你也在发挥自己的长板来帮助别人提高自己的短板，进而提高了他人的生活水平。

5.每个人都是一个节点，进行价值传输，以价值分配为关系，形成新的关系网。新的社会架构讲究的是"规则"，而不是"关系"。你所处的地位和阶层，是由你所带来的价值决定的。

6.由外求转变为以内求为主，坦诚面对自己内心最真实的一面，激发起兴趣、热爱、目标、愿景。当你做好你自己时，外界的东西就会被你吸引过来，如关系、渠道、资源、人脉、机会等。

7.心灵无价。它代表了你在人生游戏中的意图和世界观。如果以心灵为支点，价值为杠杆，热爱为动力，天赋为能力，就能联合撬动你想实现的愿景。

8.每个人由依托固定公司、固定时间、固定地点的重复固定劳动，也就是被动劳动，转变为每个人依靠自己的内部资源（天赋、能力、热爱、价值观），点对点地对接和完成每一个需求，充分融入社会每一个环节的主动劳动中。如果经济是一场血液循环，那么今后它的毛细血管将会更加丰富，输送和供氧能力会更加强大。

9.允许拥有自己的创意产品。当你有一个想法时，你可以先表达出来，然后在平台上展示，吸引喜欢的人下单，拿到订单后再找工厂生产，再送到下单者的手中。

10.个性化产品的供给，产品在生产之前就知道它的顾客是谁。个性化时代的到来将催生跨国定制和生产。

11.设计师大量出现。他们将根据社区居民的想法而设计出产品，再进入制造阶段，C2F（消费者对工厂）将很普遍常见。

12.无广告，只有资源。个人与资源实现点对点的匹配。社区居民不会被广告轰炸。

13.商业竞争的核心点将围绕着你提供资源的价值点或使用价值来展开，而不是粉丝、流量或地段。

14.个人与组织共存。社区的结构由平台+个人和组织+个人构成。个人既可以独立完成某项任务，也可以依靠协作去完成较为复杂的任务；而组织则主要去执行系统性的工程。整个社区既有注重细节的匠人，如设计师、作家、编剧、艺术家、教练等，也有执行巨大工程的组织，如公司、媒体、政府、慈善机构、校友会等。

15."创造"代替"谋生"，成为衡量一个人存在价值的最高标准。你只有主动思考和去帮助他人解决问题、实现目标或愿景，你存在的价值才极高，才是真正地受人尊重的VIP。

16.每个人实现自治。因为每个人都是平台的居民，很多个人生活资料都是公开的，大家彼此间就像是邻居，生活的各个方面几乎都在上面了，而且会展示并非一天就可以制造的历史资料，你的"供给等级"和"需求等级"从某种角度来说也代表了你的信用值。

17.社区拥有一套完善而合理的规则和秩序，让每个人都能各尽其才，各取所需，各成其愿，激发起每个人内心的向往，心有所属。这便是有了信仰：真我。在互联网将人们之间的距离缩短至近乎零，信息极为丰富的今天，我们完全可以实现所有资源的互联，将古今中外的智慧结合在一起，打通包括哲学、自然科学、社会科学在内的所有学科的壁垒，建立一个能够包容并蓄的理论体系。它是开放的、允许提问的、可以修正和迭代的，既能体现前人的智慧结晶，又能注入后人的真知灼见。

最后，我用下面的表格将"玩赢人生"实境游戏与麻将游戏做个类比，虽然不完全等同，但至少相似。这可以帮助你体会它带给玩家的绝佳体验：

请相信，如果你在麻将游戏中赢过，那你在人生游戏中也会赢，而且技术会越来越高。我目睹9岁的儿子在和我、爷爷、奶奶打麻将时赢了几把！如果你不想与他人比较，那你会常"赢"，因为那是一种心想事成；如果你想玩得刺激些，引入竞争者，即便不是每局都赢，一直玩下去，赢的时刻终将到来！

麻将	玩赢人生
开盘13张牌	天赋
和牌	实现愿景/目标
河里牌+打出的牌	共享的资源
集齐顺子	实现阶段性目标
抓牌、打牌、吃牌、碰牌、杠牌	完成日常事项
玩家之间是竞争关系	玩家之间是合作竞争关系
不知对方有什么牌	不完全了解对方的资源和需求
番数的大小决定赢钱的多少	愿景的大小决定获得果实的大小
每局是有限游戏，多局成无限	有限游戏+无限游戏
需要什么、接纳什么、舍弃什么	决策：选择大于努力
追求和牌过程中将大家的牌带向了越来越好	在追求自己理想生活的过程中，成就了其他人的事业

作者后记

好了，本书就写到这里了。相信在未来的日子里，你的阅读、反馈、参与将使这本书变得更加丰富、充实。我想感谢你阅读完本书，因为这意味着你已经接触到了我推荐的人生活法，谢谢你的关注。

美国当代神话学大师约瑟夫·坎贝尔将成就自我之路称为"英雄之旅"，想来现在的你已经取得了些成就，是位准"英雄"了。现在你完全可以把书放下，双臂张开，大声喊出："太棒了！我的将来一定很美好！"达到沸点状态的你，实际上获得了情绪上的奖励，这对你的身体健康也是有好处的，我在这儿为你鼓掌。对我来说，和你一起度过的时间真的很精彩，我希望你从中也能收获颇丰。我很期待参与到你随后的玩赢人生之旅中，回答更多诸如此类的问题："我在哪""我是谁""想去哪儿""怎么去"和"如何赢"等，并带你一路通关，成为慧活达人、人生赢家甚至"玩赢家"。届时，我们将从更多的视角来审视、践行和体验我们的人生游戏，确保它既有趣又有实还有意。途中有很多好用的工具和秘密武器在等着帮助你，你会在不知不觉中成为自己人生游戏的设计师、导演、核心玩家和投资人。

人生真的很美好，值得你好好玩！我真心祝福您过上自己能力范围内真心向往的真我生活：有愿景、有节奏、有重点、有质量、有使命。一切都越来越好！

参考书目

［1］［德］埃克哈特·托利．当下的力量［M］．曹植，译．北京：中信出版社，2007．

［2］［美］拜伦·凯蒂，史蒂芬·米切尔．一念之转：四句话改变你的人生［M］．周玲莹，译．北京：华文出版社，2009．

［3］［美］丹尼斯·舍伍德．系统思考［M］．邱昭良，刘昕，译．北京：机械工业出版社，2014．

［4］傅佩荣．西方哲学与人生［M］．北京：东方出版社，2013．

［5］傅佩荣．国学与人生［M］．北京：东方出版社，2016．

［6］傅佩荣．易经与人生［M］．上海：上海三联书店，2008．

［7］郭旭红．人生经济学［M］．北京：人民出版社，2011．

游戏思维
GAME THINKING

[8][美]简·麦戈尼格尔.游戏改变世界[M].闾佳,译.杭州:浙江人民出版社,2012.

[9][美]吉尔·莱波雷.假如人生是一场游戏[M].王岑卉,译.北京:中国友谊出版公司,2014.

[10][美]詹姆斯·卡斯.有限与无限的游戏[M].马小悟,余倩,译.北京:电子工业出版社,2013.

[11][美]杰西·谢尔.游戏设计艺术(第2版)[M].刘嘉俊,等译.北京:电子工业出版社,2016.

[12][美]阿尔·里斯,杰克·特劳特.人生定位[M].何峻,王俊兰,译.北京:机械工业出版社,2011.

[13][美]肯·罗宾逊,卢·阿罗尼卡.让天赋自由[M].申志兵,译.北京:中信出版社,2009.

[14]空心菜.世界是个游戏,人生怎样才有意义[M].成都:四川人民出版社,2017.

[15]李中莹.重塑心灵:NLP——一门使人成功快乐的学问[M].北京:世界图书出版公司,2006.

[16]刘丰.开启你的高维智慧.[M].北京:中国青年出版社,2017.

[17][加]玛丽莲·阿特金森.你想玩世界游戏吗?[M].于燕华,马凯,译.北京:华夏出版社,2018.

［18］［美］马歇尔·古德史密斯，马克·莱特尔．自律力［M］．张尧然，译．广州：广东人民出版社，2016．

［19］［美］米哈里·契克森米哈赖．心流：最优体验心理学［M］．张定绮，译．北京：中信出版社，2017．

［20］［美］乔·拉多夫．游戏经济［M］．汤韦江，赵金华，邢之浩，译．北京：电子工业出版社，2012．

［21］［美］瑞·达利欧．原则［M］．刘波，綦相，译．北京：中信出版社，2018．

［22］［美］斯蒂芬·盖斯．微习惯：简单到不可能失败的自我管理法则［M］．桂君，译．南昌：江西人民出版社，2016．

［23］［美］特雷西·富勒顿．游戏设计梦工厂［M］．潘妮，陈潮，宋雅文，等译．北京：电子工业出版社，2016．

［24］［日］田中正人，斋藤哲也．哲学超图解［M］．卓惠娟，江裕真，译．台湾：野人文化，2015．

［25］［美］温迪·迪斯潘．游戏设计的100个原理［M］．肖心怡，译．北京：人民邮电出版社，2015．

［26］武志红．拥有一个你说了算的人生·活出自我篇［M］．北京：民主与建设出版社，2019．

［27］［英］谢顿·帕金．人类图：找回你的原厂设定［M］．赖孟怡，译．台湾：橡实文化，2020．

［28］［以］尤瓦尔·赫拉利．未来简史［M］．林俊宏，译．北京：中信出版社，2017．

［29］［以］尤瓦尔·赫拉利．人类简史［M］．林俊宏，译．北京：中信出版社，2014．

［30］［美］周郁凯．游戏化实战［M］．杨国庆，译．武汉：华中科技大学出版社，2017．